高效养殖致富直通车

图说
毛皮动物疾病诊治

主　编	易　立	程世鹏		
副主编	闫喜军	曹智刚	仝明薇	
参　编	岳志刚	孙　娜	王建科	刘晓颖
	李志鹏	杨艳玲	冷　雪	程悦宁
	白　雪	张　淼		

机械工业出版社

本书从毛皮动物的生产实际和临床诊治需求出发，结合编者多年的生产实践经验，针对水貂、狐狸和貉等常见的病毒性传染病、细菌性传染病、寄生虫和真菌病、普通病共34种，通过118张彩色图片，对其病原（病因）、发病特点、临床症状、病理变化、诊断要点、防控措施和治疗方法等进行了简洁明了的阐述。

　　本书内容丰富，图文并茂，语言通俗易懂，容易掌握和操作，适合广大基层兽医和毛皮动物饲养人员学习使用，也可作为农业院校相关专业教师、学生的参考资料。

图书在版编目（CIP）数据

图说毛皮动物疾病诊治/易立，程世鹏主编. —北京：机械工业出版社，2016.9

（高效养殖致富直通车）

ISBN 978-7-111-54601-6

Ⅰ.①图⋯　Ⅱ.①易⋯②程⋯　Ⅲ.①毛皮动物－动物疾病－诊疗－图谱　Ⅳ.①S858.92-64

中国版本图书馆 CIP 数据核字（2016）第 195481 号

机械工业出版社（北京市百万庄大街22号　邮政编码100037）
总　策　划：李俊玲　张敬柱　策划编辑：高　伟　郎　峰
责任编辑：高　伟　郎　峰　责任校对：郝　绵
责任印制：李　洋
北京利丰雅高长城印刷有限公司印刷
2016年10月第1版第1次印刷
140mm×203mm·5印张·121千字
0001—3000册
标准书号：ISBN 978-7-111-54601-6
定价：29.80元

高效养殖致富直通车
编审委员会

III

序
Preface

　　改革开放以来，我国养殖业发展非常迅速，肉、蛋、奶、鱼等产品产量稳步增加，在提高人民生活水平方面发挥着越来越重要的作用。同时，从事各种养殖业也已成为农民脱贫致富的重要途径。近年来，我国经济的快速发展为养殖业提出了新要求，以市场为导向，从传统的养殖生产经营模式向现代高科技生产经营模式转变，安全、健康、优质、高效和环保已成为养殖业发展的既定方向。

　　针对我国养殖业发展的迫切需要，机械工业出版社坚持高起点、高质量、高标准的原则，组织全国20多家科研院所的理论水平高、实践经验丰富的专家学者、科研人员及一线技术人员编写了这套"高效养殖致富直通车"丛书，范围涵盖了畜牧、水产及特种经济动物的养殖技术和疾病防治技术等。

　　丛书应用了大量生产现场图片，形象直观，语言精练、简洁，深入浅出，重点突出，篇幅适中，并面向产业发展需求，密切联系生产实际，吸纳了最新科研成果，使读者能科学、快速地解决养殖过程中遇到的各种难题。丛书表现形式新颖，大部分图书采用双色印刷，设有"提示""注意"等小栏目，配有一些成功养殖的典型案例，突出实用性、可操作性和指导性。

　　丛书针对性强，性价比高，易学易用，是广大养殖户和相关技术人员、管理人员不可多得的好参谋、好帮手。

　　祝大家学用相长，读书愉快！

中国农业大学动物科技学院

前 言
Introduction

　　由于当前毛皮动物饲养方式混杂，疾病的发生也日趋复杂，严重影响了毛皮动物养殖业的持续有效发展。毛皮动物疾病的快速诊治问题一直是养殖者和兽医从业人员最关心的问题，因此编者结合当前毛皮动物疾病流行情况，根据多年的兽医临床经验编写了本书，确保本书具有科学性、实用性和可操作性。

　　全书包括毛皮动物的 34 种常见疾病，通过 118 张彩色图片呈现给读者，可以使读者更加直观地掌握毛皮动物疾病的临床症状和发病特点，并指导读者使用有效的药物进行治疗，以减少经济损失。本书中的绝大部分图片是编者在临床实践中拍摄的，具有典型的示范作用和教育意义。

　　本书不仅收录了危害严重的传染病与寄生虫病，而且包括日益受到重视的真菌病和普通病。本书的最大特点是图文并茂、简明扼要、重点突出、易于学习和应用。

　　本书可供广大基层兽医工作者和毛皮动物养殖者看图诊病使用，提高对常见疾病的防治技术水平，也可作为农业院校相关专业师生学习毛皮动物疾病诊治的参考资料。

　　需要特别说明的是，本书所用药物及其使用剂量仅供读者参考，不可完全照搬。在生产实际中，所用药物学名、通用名与实际商品名称存在差异，药物浓度也有所不同，建议读者在使用每一种药物之前，参阅厂家提供的产品说明以确认药物用量、用药方法、用药时间及禁忌等。购买兽药时，执业兽医有责任根据经验和对患病动物的了解决定用药量及选择最佳治疗方案。

　　由于编写水平有限，书中可能存在不少缺点，恳请广大读者批评指正，以便再版时加以修正补充。

易 立
2016 年 6 月于中国农业科学院特产研究所

目 录
Contents

第一章
▶病毒性传染病

👉 一、毛皮动物犬瘟热病 👈

犬瘟热病（canine distemper，CD）是由副黏病毒科麻疹病毒属的犬瘟热病毒（canine distemper virus，CDV）引起的一种急性、传染性极强的烈性传染病，不但可以感染犬科动物，还能感染鼬科、浣熊科和猫科等多种动物，其临床症状多样且容易继发其他细菌、病毒的混合感染和二次感染。1905 年 Carre 首次发现犬瘟热病毒，所以该病也曾称为 Carre 氏病。现已证实，在欧洲、亚洲、美洲等许多国家存在此病。我国水貂犬瘟热病首发于 1968 年，近百个貂场曾发生过该病，是我国毛皮动物，特别是水貂养殖的主要传染病。

【发病特点】

该病典型的发病特点是双相热型，即体温两次升高，达 40 ℃以上，两次发热之间间隔几天无热期。犬瘟热的潜伏期为 1～4 周不等，这主要取决于感染的毒株、感染动物的年龄和宿主的免疫状态。疾病的表现程度可能是无临床症状，也可能是有 50% 病死率的严重疾病。

【临床症状】

犬瘟热病可引起剧烈的全身性症状及慢性神经性表现，依据卡他性炎症和神经症状等临床特征，可与其他疾病进行鉴别诊断：如结膜炎，从最初的畏光流泪到分泌黏液性和脓性眼分泌物（图1-1、图1-2、图1-3）；鼻镜干燥，有阵发性咳嗽；

图1-1　黏液性眼分泌物（北极狐）

图1-2　脓性眼分泌物（北极狐）

脚垫发炎、肿胀、变硬（图1-4、图1-5）；肛门肿胀外翻，便血，腹泻；运动失调，抽搐，后躯麻痹。

总的来说，该病初期表现为皮疹、浆液性鼻液及眼分泌物、结膜炎和食欲减退，随后会出现消化道和呼吸器官症状，通常并发二次细菌感染和神经系统紊乱。神经症状呈现多样性且呈进行性发展，包括肌阵挛、眼球震颤、共济失调、姿势反应缺

图1-3　脓性眼分泌物（银黑狐）

图1-4　幼犬脚垫增厚，变硬

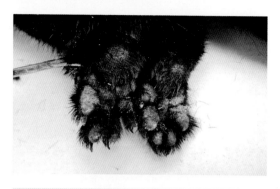

图1-5 水貂感染犬瘟热死后脚垫增厚

陷和四肢麻痹或瘫痪。

【病理变化】

　　毛皮动物犬瘟热病急性感染后，体内淋巴细胞或中性粒细胞出现包涵体。剖检可见病变十分广泛，典型症状为膀胱增厚、有出血点（图1-6），脾脏肿大（图1-7），出现浆液性乃至黏液脓性鼻炎、间质性肺炎、坏死性毛细支气管炎，常常因

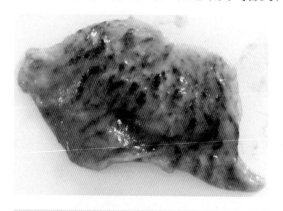

图1-6 膀胱增厚、有出血点

继发细菌感染而并发化脓性支气管肺炎。肠道型感染常导致卡他性肠炎并伴随肠道淋巴结衰竭；自然感染的后肢、腹下和耳廓内侧会发生化脓性皮炎，也称为犬瘟热皮疹，脚垫角质化不全或过度，有时形成小囊泡和脓疱（称硬肉趾病）；老龄毛皮动物或免疫活性较高的毛皮动物可发生伴发脑干后段和脊髓明显受损的白质性脑脊髓炎。

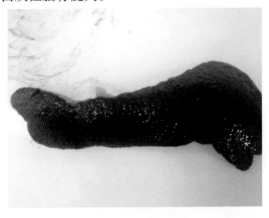

图1-7　脾脏肿大

【诊断要点】

犬瘟热病毒经常与其他病毒混合感染，或引起细菌的继发感染，因此犬瘟热的临床症状表现复杂。靠临床症状只能做出初步的诊断，只有将临床症状与实验室检查结合起来才能进行最后的确诊。实验室常规诊断方法有包涵体检查和免疫学诊断（图1-8）。

1）包涵体检查：刮取感染病例的鼻、舌、眼结膜、膀胱、胆管、胆囊等黏膜上皮细胞制成涂片，经苏木精-伊红染色后镜检可见被染成红色的圆形或卵圆形的包涵体（图1-9），该方法是一种非特异性诊断方法。

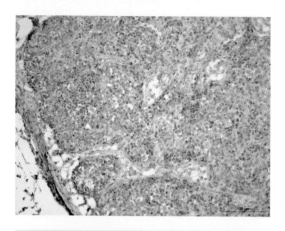

图1-8　自然感染犬瘟热病毒的淋巴结免疫
组化图，图中棕黄色部分为病毒染色

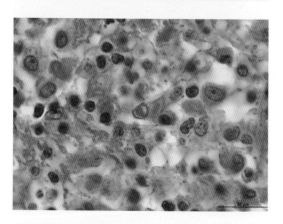

图1-9　自然感染犬瘟热病毒的淋巴结中
呈现嗜酸性核内包涵体

2）免疫学诊断：有免疫荧光检测（IFA）、Dot-ELISA 法
检测、三抗体夹心法 Dot-ELISA 检测及捕获夹心 ELISA 法等。
免疫荧光检测是用特异性抗体及免疫荧光、免疫组化技术对感
染的组织或细胞抗原染色进行鉴定以确诊。

除上述诊断方法外，近年来，随着核酸杂交、PCR（聚合酶链式反应）等技术的应用，犬瘟热的诊断也进入了分子生物学阶段，核酸探针、原位杂交、RT-PCR 及基因序列分析等方法建立之后，就可对病料中是否含有犬瘟热病毒特异性核酸进行鉴定，从而提高了犬瘟热诊断的准确性、敏感性和特异性。

【防控措施】

犬瘟热呈世界性分布，且在不同物种间可交叉感染，所以不可能完全消灭。目前，对犬瘟热尚无特效的治疗药物和方法，疫苗接种是唯一有效的防控措施。自 Puntoni 首次用犬瘟热病毒感染犬脑组织的福尔马林灭活苗以来，相继研制出不同类型的犬瘟热病毒灭活苗、麻疹病毒异源苗和犬瘟热病毒弱毒疫苗。但犬瘟热病毒灭活苗，因抗原性差，现在已经很少使用；麻疹病毒异源苗不能提供持久的免疫力。

现常使用犬瘟热弱毒活疫苗进行免疫接种，有效免疫期为6 个月。最佳接种时间是在仔兽断乳后 15 ~ 21 天为宜，此时连同种兽（老兽）一起接种；第二次免疫在 1 月上旬对全群种兽接种最为适宜，可保证仔兽有较高的母源抗体。注射方法：皮下或者肌内均可，断乳仔兽注射最好分 2 点，比注射 1 点免疫效果可靠。但弱毒疫苗也存在不足之处，即热不稳定、对某些免疫缺陷幼犬和野生食肉动物的不安全性及发生变态反应等。此外，在首免时也易受到母源抗体的干扰，引起一过性的免疫抑制和血小板减少，导致免疫动物发生脑炎等。因此，人们正致力于寻求更安全、更有效的新型疫苗。近年来，人们已经着手研制包括犬瘟热病毒重组活苗、基因工程亚单位苗及核酸疫苗在内的新型疫苗，以克服常规疫苗的不足。

二、水貂阿留申病

水貂阿留申病（aleutian disease，AD）是由细小病毒科阿留申病毒属的阿留申病毒（aleutian mink disease virus，AMDV）引起的慢性进行性传染病，以浆细胞弥漫性增多、持续性病毒感染和免疫系统紊乱为特征，一直是危害世界养貂业持续健康发展的最重要的疾病之一。该病于1956年首次在水貂群中发现，最初认为它仅存在于具有特殊青铜色毛皮的水貂（又被称为阿留申水貂）中，进而将这种疾病称为水貂阿留申病，后来发现其他品系的水貂均可得病，只是发病程度不一。

【发病特点】

典型的发病特点主要有两个方面：一方面成貂以慢性、持续性和渐进性发展的浆细胞增多症，高免疫球蛋白血症及免疫复合物介导的肾小球肾炎和动脉炎为特点，水貂的繁殖能力下降，皮张质量下降，易感染其他疾病而导致死亡率增加；另一方面，该病可以造成新生幼貂的急性间质性肺炎甚至死亡。

【临床症状】

染病母貂除出现上述症状外，还可见产仔量下降、死胎、空怀、流产数量增多，剖检可见肾脏肿大发白（图1-10、图1-11）、脾脏有陈旧的坏死斑、淋巴结肿大等脏器变化。病貂渐进性消瘦，渴欲增高，暴饮或啃食水盒中的冰块。可视黏膜苍白，齿龈出血，排煤焦油样粪便（图1-12），最后死于肾衰竭和尿毒症。感染阿留申病的水貂，可造成严重的生产损失，如母貂不发情、空怀、流产、死胎及公貂配种能力下降。

【病理变化】

阿留申病毒感染水貂后，水貂体内不产生或只产生少量的中和抗体，而产生的多数抗体不仅不能中和病毒的毒力，反而

图 1-10　母貂肾脏变性坏死，脏器肿胀发白

通过介导抗体依赖性增强作用，进一步帮助病毒对靶细胞的侵染。不仅如此，由于病毒抗原与抗体形成的复合物（immue complex，IC）特有的理化特点可导致复合物沉积并引发肾小球肾炎和动脉炎（图 1-13）。因此该病无论是活疫苗或者灭活疫苗均无防控作用，只会加重疾病反应。

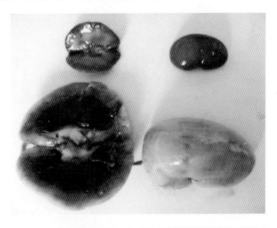

图 1-11　幼貂肾脏代偿性肿大

9

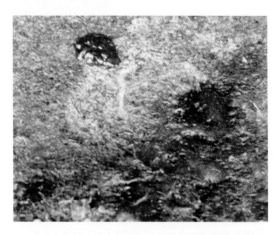

图 1-12 病貂排出煤焦油样粪便

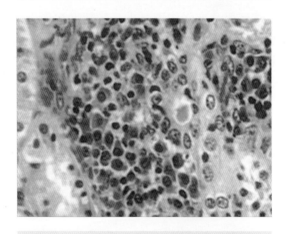

图 1-13 病毒抗体复合物引发肾小球肾炎

【诊断要点】

在水貂阿留申病的各种诊断方法中，对流免疫电泳（counter immunoelectrophoresis，CIEP）是世界公认的并且应用最为广泛的。该方法是用特异性病毒抗原（脏器或细胞抗原）

和抗体（被检貂血液中分离的血清）进行反应，其原理是根据抗原和抗体在电场作用下，在缓冲液中抗原由阴极向阳极移动，而抗体则由阳极向阴极移动，并在琼脂凝胶板中相接触处形成清晰的沉淀线（图1-14）。水貂感染后7~9天即可检出沉淀抗体，加之该方法简便快速，所以很快在加拿大、丹麦、美国和原苏联等国被广泛采用。因此，水貂阿留申病的诊断方法在该病的防控过程中有着举足轻重的作用。

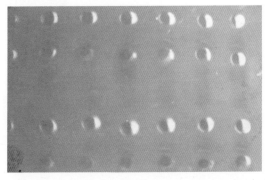

图1-14　对流免疫电泳实验中阳性水貂阿留
申病毒血清呈现检测沉淀线

酶联免疫吸附试验（enzyme-linked immunosorbent assay, ELISA），20世纪80年代发展成熟的ELISA技术在细小病毒科各病毒的抗原和抗体检测中发挥着越来越重要的作用，各式各样的商品化试剂盒被用于临床快速检测。但是针对阿留申病毒的ELISA技术发展相对落后，1982年Wright等首次用阿留申病毒Guelph株作为检测抗原包被在碳氟化酶标板上建立了间接ELISA检测阿留申病血清。随着阿留申病毒蛋白功能的研究和外源表达技术的发展，检测水貂阿留申病毒抗体的ELISA技术得以发展。美国Avecon Diagnotics公司研制的检测雪貂唾液NS1蛋白抗体的ELISA方法自2006年起由于其高敏感性和安全性在美国逐步取代了对流免疫电泳实验，随后发展成商品化试剂盒，并可以检测水貂唾液抗体。

【防控措施】

水貂阿留申病的防控不能通过接种疫苗来达到目的。目前，国内外唯一可行的防控方法就是通过定期诊断、检疫，淘汰病貂，逐步净化貂群，通过综合性防治措施，控制和消灭该病，具体方法如下：

1）在引种时应先进行长期隔离观察，阿留申检测为阴性方可混群。

2）建立定期检疫制度是净化貂群、消灭阿留申病的最好途径。

3）每年的9~10月份对预留种貂进行采血，用对流免疫电泳诊断方法检测，阳性（感染）貂严格淘汰，如此检测数年，可达到基本净化的目的。严格遵守养殖场兽医卫生制度，对饲养用具定期进行火焰消毒，粪便及时清理并进行无害化处理，地面、笼舍要坚持用消毒液消毒，这是防止该病传播和流行的有效办法。

4）建立定期检疫淘汰制度。建议貂场在每年的打皮期和配种期前进行对流免疫电泳筛查，淘汰阳性貂，这样可以将貂场的感染貂控制在较低的范围内。

5）建立完善的引种检疫工作。对引进的种貂要进行严格的检疫，不但要求对流免疫电泳检测为阴性，有条件的要进行PCR检测，这样可以保证引进的种貂无阿留申病毒感染。

【治疗方法】

目前国内外都对该病尚无有效的预防和治疗措施，但有报道采用药物治疗有一定的作用，如板蓝根、聚肌胞、黄芪多糖等。

三、水貂细小病毒性肠炎

水貂细小病毒性肠炎（mink parvoviral enteritis），又称水貂传染性肠炎（mink infectious enteritis），是由细小病毒科、细小病毒属的水貂肠炎病毒（mink enteritis virus，MEV）引起的患貂以剧烈腹泻为主要临床特征的急性、烈性、高度接触性和高致死性传染病。该病于 1947 年在加拿大安大略省威廉堡地区首次发生，1952 年 Wills 首次提出该病病原为病毒，并命名为水貂细小病毒，此后相继在美国、丹麦、芬兰、挪威、瑞典、英国和日本等国家发生和流行。1974 年我国首次报道该病的发生，1985 年于永仁等从发病貂场分离到水貂肠炎病毒。此后该病逐渐蔓延全国，成为威胁水貂的最大疾病之一，给水貂养殖业造成了巨大的经济损失。

【发病特点】

自然条件下，不同品种和不同年龄的貂均有感染性，但幼貂的感染性极强，发病率为 40%～50%。病毒主要通过病貂的粪便、尿液和各种分泌物散播，主要发生在夏季，近年来有推延到秋季的趋势。该病的潜伏期为 4～9 天，快则 1 天发病，慢则 7～14 天发病，表现为剧烈腹泻、呕吐、体温升高。

【临床症状】

主要临床症状是剧烈腹泻（图 1-15、图 1-16）；体温升高至 40～41℃，被毛蓬乱，反应迟钝，粪便稀，呈黄白、灰白或煤焦油色，并混有脱落的肠系膜、纤维蛋白和黏液组成的灰白色或浅黄色管状物（图 1-17、图 1-18）。最急性型病貂不出现腹泻，食欲废绝后 12～24 h 内死亡；慢性型病貂多由急性转归或开始就取慢性经过，有的逐渐恢复健康，但长期带毒，且生长发育迟缓，有的最后衰竭而死，病程较长，7～14 天不等。

图1-15　正常对照粪便

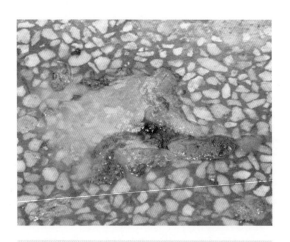

图1-16　细小病毒性肠炎导致腹泻

图 1-17 细小病毒性肠炎黄痢，肠道炎性渗出

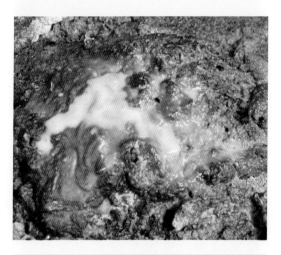

图 1-18 细小病毒性肠炎白痢，主要为腹泻带出来的肠道黏膜

【病理变化】

病变主要表现在胃、肠道与肠系膜淋巴结。胃内空虚，含

有少量的出血性黏液和胆汁色素（黑褐色），胃黏膜充血特别是幽门部，有的出现溃疡；肠管呈鲜红色，血管充盈，肠壁增厚，呈急性卡他性出血性肠炎症变化（图1-19），肠内容物混有少量血液和纤维物质；肠系膜淋巴结肿大、充血、水肿；脾脏肿大，呈暗紫色；肝脏肿大，质脆；小肠黏膜上皮变性、坏死（图1-20），有的上皮细胞内可见核内包涵体。

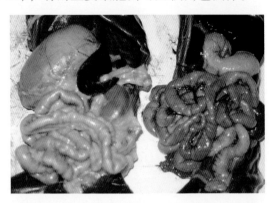

图1-19　细小病毒性肠炎导致的肠道出血性渗出

【诊断要点】

根据发病特点、临床症状（如排出具有多种颜色并含黏液管的稀便及顽固持续性下痢等）、白细胞数明显减少及包涵体检查等，可以对水貂细小病毒性肠炎做出初步诊断，但确诊还需进行实验室诊断。病原学诊断方法包括直接镜检（图1-21）、包涵体检查、病毒分离鉴定等；血清学诊断方法包括血凝和血凝抑制试验（图1-22）、琼脂扩散试验、血清中和试验、荧光抗体染色、酶联免疫吸附试验、对流免疫电泳；分子生物学诊断方法包括核酸探针检测、PCR检测等。

图1-20 细小病毒性肠炎导致肠道黏膜
坏死，有坏死斑点

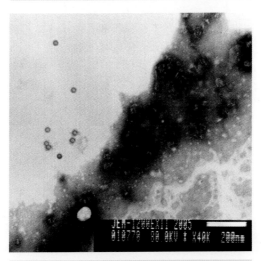

图1-21 细小病毒性肠炎电子显微镜照片
（放大10万倍）

【防控措施】

目前该病尚无可靠、有效的药物治疗方法，因此加强水貂的饲养管理变得尤为重要。

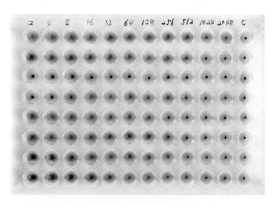

图1-22 细小病毒性肠炎红细胞凝集反应
（弥散状为阳性，点状沉淀为阴性）

1）做好疫苗接种工作，一般种貂在1~2月份接种疫苗，幼貂在6~7月份分窝后2~3周进行接种。

2）严格执行卫生防疫制度，不允许外来人员及猫、犬、禽类等入场。严禁从疫区引种，从非疫区引种后也必须隔离观察15~30天，并补种疫苗，确认无病方可混群饲养。

3）配制优质饲料，添加多维、黄芪多糖等以提高水貂免疫力。在水貂病毒性肠炎高发季节，采用病毒唑（利巴韦林）加氨苄青霉素（氨苄西林）混合饮水，2次/天，连用2~4次，以预防感染。

4）貂群一旦发病，应立即进行隔离、消毒，并加以对症、支持疗法及用抗菌药物防止并发感染等。患病初期用抗毒灵冻干粉针配合广谱抗生素、地塞米松等对症治疗，对受威胁的易感貂立即用水貂病毒性肠炎弱毒疫苗紧急接种，地面及场地用漂白粉或10%石灰乳消毒，貂笼用火焰消毒，产箱（小室）用2%甲醛或氢氧化钠溶液消毒，用具用3%氢氧化钠溶液消毒。发病貂场原则上从最后一只患病水貂痊愈或死亡之日起，经30天再无该病发生，方可宣布解除封锁。

四、水貂冠状病毒性肠炎

水貂冠状病毒性肠炎（水貂流行性腹泻），是由水貂细小病毒性肠炎之外的冠状病毒科、冠状病毒属的冠状病毒引起的水貂病毒性肠炎（流行性腹泻）（图1-23）。该病在世界许多养貂国家都有流行。最早发生于美国，之后在加拿大、苏联、丹麦及斯堪的纳维亚等国和地区流行，1987年传入我国东部沿海地区。该病的发生与水貂品种密切相关，北美貂及其杂种后代易感，我国原有别国品种水貂易感性差。

图1-23　水貂冠状病毒性肠炎腹泻物

【发病特点】

该病多在秋、冬季和早春发生。病毒主要存在于胃肠内，并随粪便排出，污染饲料和环境，主要经消化道感染。犬、狐、水貂患了这种传染病，表现出血性胃肠炎临床症状。水貂感染该病易发生群体性的流行性腹泻，传播速度快，发病率可达100%，死亡率高达30%以上。当年产的水貂比种貂发病率高。

【临床症状】

水貂病毒性肠炎是一种以流行性腹泻、卡他性肠炎为特点的急性传染病。病貂食欲不振、呕吐、剩食，口渴，饮水量增加；腹泻，排出灰白色、绿色乃至粉黄色黏液状稀便（图1-24、图1-25），有的排出黑红色稀便，没有明显的套管样稀便；精神迟钝，反应不灵敏，两眼无神，鼻镜干燥，被毛欠光泽，消瘦，皮肤缺乏弹性，一般体温不高。腹泻严重的病貂，饮水补液跟不上，往往脱水自体中毒而死。

图1-24 水貂呕吐

【病理变化】

病死水貂尸体消瘦，口腔黏膜、眼结膜苍白，肛门及会阴部被稀便污染，胃肠道黏膜充血（图1-26）、出血，胃肠内有少量灰白色或暗紫色的黏稠物；有的肠内有血，肠系膜淋巴结肿大；肝脏浊肿，有的轻度黄染；脾脏肿大，但不明显，出现黑色坏死点（图1-27）；肾脏呈土黄色、质脆。出现血便时即很快死亡，抗生素治疗效果不明显。耐过者于7～10天可以恢复。

图1-25 水貂腹泻,排绿色稀便

图1-26 肠道充血,红肿

图1-27 脾脏出现黑色坏死点

【诊断要点】

根据病貂的临床症状、流行特点和发病季节及死亡水貂尸体解剖症状，可以初步确诊为冠状病毒病。最终确诊还要做细菌学和血清学检验。细菌学分离培养显示无菌，细小病毒性肠炎血清学检验为阴性，貂群接种了水貂肠炎疫苗还发病，可以确诊为冠状病毒性肠炎。此外，还可以进行病毒分离以最终确诊，取典型病貂的新鲜粪便，离心处理后，接种于A72细胞或犬肾原代细胞培养，待出现细胞病变后，使用阳性血清做中和试验鉴定病毒，也可以通过电镜观察病毒粒子来鉴定(图1-28)。

【防控措施】

该病目前尚无特效疗法，只能采取强心、补液、防止继发感染的治疗原则对症治疗。

1）给病貂皮下或腹腔注射5%～10%葡萄糖注射液10～15mL，皮下分多点注射。

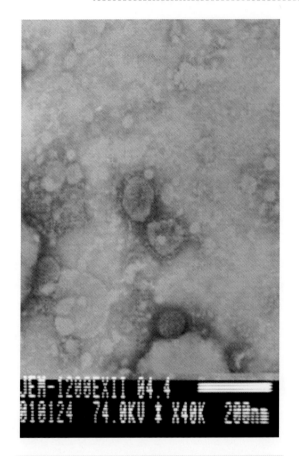

图 1-28 冠状病毒电子显微镜照片（放大 10 万倍）

2）让病貂自饮（放在饮水槽内）葡萄甘氨酸溶液，其配制方法是取葡萄糖 45g、氯化钠 9g、甘氨酸 0.5g、柠檬酸钾 0.2g、无水磷酸钾 4.3g 于 2000mL 饮水中，溶解混匀后放入水槽中，让貂自饮，可缓解症状。

3）使用发病水貂脏器（心、肝、脾、肾、淋巴结等）做同源组织灭活液，制备灭后疫苗免疫水貂或预防接种，注射 7 天后基本可控制该病流行。

4）做好日常预防措施，加强饲养管理，提高貂群的抗病能力。搞好场内卫生、消毒工作，每周用派德斯百毒杀（按标签说明使用）或 0.1% 的过氧乙酸溶液严密喷洒消毒 1 次，病貂笼可用火焰法消毒；管理好饲料和饮水，防止野犬和猫进入养殖场。

五、狐传染性脑炎

狐传染性脑炎是由腺病毒科、哺乳动物腺病毒属的犬腺病毒 1 型（CAV-1）引起的一种急性、高度接触传染性败血性传染病，是危害养狐业的三大疫病之一。该病的主要特征是眼球震颤、高度兴奋、肌肉痉挛、感觉过敏、共济失调、呕吐、腹泻、便血等。狐脑炎由 Green 于 1928 年在美国银黑狐养狐场发现，李增光、张国昌等于 1989 年相继报道我国山东省和东北地区某养狐场发生狐脑炎。目前，我国狐脑炎时有发生，给养狐业造成较大的经济损失，应引起毛皮动物饲养者的高度重视。

【发病特点】

该病所有年龄的狐均易感，但 3～6 月龄狐最易感；幼狐发病率为 40%～50%，2～3 岁狐发病率为 2%～3%，平均死亡率为 10%～40%。在自然条件下，犬、狼、豺、猫、浣熊、黑熊和山狗均易感染。该病也可以感染人，但不引起临床症状，常呈地方性流行，有时散发，也有暴发流行的报道，无明显季节性，但在夏、秋季节多发。

【临床症状】

该病潜伏期 6～10 天，常突然发生，呈急性经过。病狐初期发病，流鼻涕，丧失食欲，轻度腹泻，眼球震颤；继而出现中枢神经系统症状，如感觉过敏、过度兴奋，肌肉痉挛、共济失调（图1-29）、呕吐、腹泻等；阵发性痉挛的间歇期精神萎靡、迟钝，随后麻痹和昏迷而死，有的病例有截瘫和偏瘫。几乎所有出现症状的病狐难免死亡，病程短促，2天即死。该病一旦传入养狐场，可持续多年，呈缓慢流行，每年反复发生。慢性病例的病狐食欲减退或暂时消失，有时出现胃肠道障碍和进行性消瘦、贫血、结膜炎，一般慢性病例能延长到打皮期。

图1-29　肌肉痉挛、共济失调后死亡

【病理变化】

急性病例内脏器官出血，常见于胃肠黏膜和浆膜，偶见骨骼肌、膈肌和脊髓膜有点状出血。肝脏肿大、充血，呈浅红色或浅黄色（图1-30）。慢性病例尸体极度消瘦和贫血，肠黏膜上和皮下组织有散在出血点。实质器官脂肪变性，肝脏肿大、质硬，带有豆落状纹理。组织学检查可见脑脊髓和软脑膜血管呈袖套现象；各器官的内皮细胞和肝上皮细胞中，可见有核内包涵体。

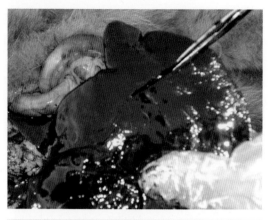

图 1-30 狐肝脏出血坏死，变脆

【诊断要点】

一般根据发病特点、临床症状和病理变化可以做出初步诊断。该病的早期症状与犬瘟热病相似，且有时混合感染，必须注意区别。狐传染性脑炎主要为急性病程和严重的神经症状，确诊主要依靠电镜观察（图 1-31）、动物接种、病毒分离或血清学试验。

1）动物接种：将死亡狐肝脏 1∶5 混悬液离心取上清液，给 3 月龄健康狐眼前房（0.2mL）和腹腔（0.5mL）接种，接种后 4 天眼角膜出现混浊，体温达到 41 ~ 41.5℃，接种 8 ~ 9 天出现脑炎症状和病理变化可确诊。

2）病毒分离法：采集生前发热初期的病狐血液、扁桃体拭子和尿液；死亡狐则采肝、脾等病料处理后，接种犬肾原代和继代细胞及仔狐眼前房。腺病毒的特征性细胞病变在接种后 30h 至 6 ~ 7 天出现，并可检出包涵体，接种仔狐可见角膜混浊，产生包涵体。血清学检测法：程世鹏等建立了酶联免疫组化方法检测腺病毒抗体（图 1-32）。

3）另外也可以采用分子生物学诊断方法，如 PCR 技术等。

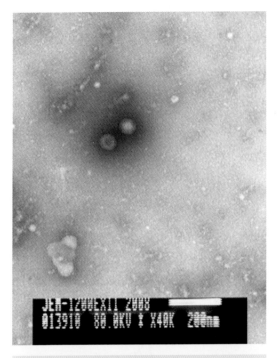

图 1-31 腺病毒电子显微镜照片（放大 10 万倍）

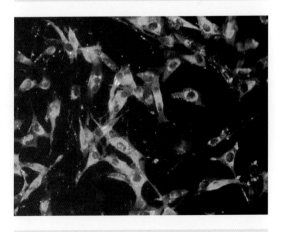

图 1-32 腺病毒免疫荧光照片

【防控措施】

目前，国内外无特效药治疗该病。预防该病主要依靠定期进行免疫接种和实施兽医卫生综合措施。除了加强饲养管理、搞好防疫卫生外，还应进行预防接种，这是行之有效的预防该病的根本办法。目前，国外广泛使用组织培养弱毒细胞苗，接种后出现轻度一过性角膜浑浊的过敏反应，1~2天后自然消失；我国生产的传染性脑炎弱毒犬肾细胞苗，也已广泛使用。同场饲养的犬也要接种疫苗。当发生狐传染性脑炎时，应将所有病兽和可疑病兽一律隔离治疗，直到打皮期为止；对被污染的笼舍和小室应进行彻底消毒，用10%~20%漂白粉处理地面；在被污染的饲养场里冬季打皮期应进行严格兽医检查，精选种兽，对患过此病或发病的同窝幼兽及与之有接触的毛皮动物一律打皮，不能留作种兽用。平时加强饲养管理和卫生消毒，如果从外地购入动物，应进行隔离检疫，严禁猫、狗进入狐场。

六、伪狂犬病

伪狂犬病（pseudorabies，PR）又称阿氏病，是由疱疹病毒科疱疹病毒属的伪狂犬病毒（pseudorabies virus，PRV）引起的B类传染病（OIE认定）。该病毒可以感染除短尾猿以外的几乎所有哺乳动物，猪是主要宿主和传染源。水貂对此病极为敏感，水貂感染该病的潜伏期为3~4天，主要临床特点是侵害中枢神经系统和皮肤痛痒；表现为身体平衡失调，常用摩擦鼻镜、颈部和腹部，出现神经症状，病后期后躯麻痹和自咬现象。有的貂场发生该病，水貂死亡率高达74%，给生产带来巨大的经济损失。

【发病特点】

伪狂犬病是典型的自然疫源性疾病，其宿主范围广泛，除感染貂外，也感染猪、牛、羊、犬、猫、北极熊、银狐、蓝狐、貉、獾等。哺乳动物、禽类及蛙经人工感染也可发病。该病的主要传染源为发病动物，病猪、带毒猪及带毒鼠在传播该病中起重要作用。病猪通过呼吸道分泌物、乳汁、尿液和生殖道分泌物排出病毒，污染饲料和饮水而传播，也可通过直接接触而传染，如水貂采食了病猪和带毒猪、病鼠和带毒鼠的肉而感染发病。该病无明显的季节性，常因饲料中混有病死动物的肉和内脏而引起暴发流行。

【临床症状】

该病的潜伏期为数小时至 3 ~ 4 天，病貂临床表现为食欲突然减少或不食，体温升高 40.5% ~ 41.5%；表现神经症状，如强烈兴奋、冲撞笼壁、转圈运动，发出尖声嘶叫，交替出现神经抑郁，下颌麻痹，舌伸出口外有伤，步态不稳；出现呕吐和腹泻，从口中流出血样液体，后期卧地不起，痉挛昏迷，眼裂缩小或斜上，出现症状后 1 ~ 24h 死亡。

【病理变化】

皮下和体表淋巴无明显变化。心脏高度扩张，心脏内充满凝固不良的血液，心内膜下出血，有时心外膜也见出血，心包液增量。肺脏多呈现较大面积的瘀血和散在针尖大的出血点。肝脏颜色发黄，并见小叶中央有明显瘀血。肾脏未见显著改变。脾脏不肿大，有时因含血量较多而色泽变深。胃黏膜面多有暗红色或褐红色黏稠的血样液体附着，胃黏膜一般无明显改变。小肠和大肠黏膜都不见病理变化（在十二指肠或空肠起始部的肠腔内有时也能见到暗红色的血样内容物）。肠系膜淋巴结未见异常变化。脑膜见轻度瘀血，脑和脊髓肉眼检查不见明显变化。

【诊断要点】

一般根据发病特点、临床症状和病理变化可以做出初步诊断。确诊可用病原学诊断法或血清学诊断法。病原学诊断法包括分离病毒、动物接种等，如采集病貂脑、扁桃体等制成悬液，离心取上清液接种于 Vero 细胞或兔原代肾细胞，继续培养直至出现病变，由此而鉴定；血清学诊断法，可以采用免疫荧光检测。

【防控措施】

目前，国内外尚无特效药治疗该病。发现该病后，应立即停喂疑被狂犬病污染的肉类饲料，更换新鲜、易消化、适口性强、营养的全价饲料，同时应用抗生素控制继发感染。预防该病的发生，必须对饲料进行严格检查。特别是猪内脏等肉类饲料，应严格无害处理后再喂。对该病进行特异性预防，就是接种伪狂犬疫苗，目前常用的疫苗有灭活疫苗、弱毒疫苗、基因缺失疫苗等。在该病污染面积广、疫情严重又不能全部淘汰扑杀的情况下，使用疫苗对疫区的动物进行免疫，可以控制疫情发展，降低死亡损失。在病情得到控制的基础上，停止注射疫苗，在抗体消失后，再行检疫清群，建立无病的健康猪群，以达根除该病的目的。匈牙利等国就是有计划地利用这个办法控制和消灭伪狂犬病的。

七、狂 犬 病

狂犬病是由弹状病毒科狂犬病毒属的狂犬病毒（rabies virus，RV）引起的一种急性接触性传染病，又称恐水病、疯狗病等，是人畜及多种毛皮动物的一种共患病，因被患病或带毒动物咬伤传染所致，毛皮动物中狐、貉、貂等较易感染该病。1709 年首次报道该病，Loues Pasteur 于 1885 年第一次分离出狂犬病毒，前几年我国辽宁省某养貉场也发生了狂犬病。

【发病特点】

狂犬病传染源主要是病犬（80%～90%），其次是猫和狼，野生动物也可作为狂犬病毒的贮主。患病动物唾液中含有大量的病毒，于发病前5天即具有传染性。病毒可通过伤口或皮肤黏膜感染，也通过口腔黏膜、患畜唾液感染。目前已证实患狂犬病不会通过胎盘传给胎儿。

【临床症状】

1）狐狂犬病：狐感染狂犬病毒后潜伏期为1～8周，临床表现多为兴奋（狂暴）型，发病时躲在暗处、异嗜，继而敏感、兴奋狂暴攻击人与动物，咬笼、尖叫乃至自咬，到后期流涎、后躯麻痹、倒地不起，最后昏迷死亡。病程短则1～2天，死亡率几乎达100%。

2）貉狂犬病：貉狂犬病的潜伏期为2～8周，最短1周，最长11周，病程多为3～7天，最短1天，最长20天。初期行动异常，有的貉不回小室，有的当听到意外音响速出小室，表现为追人追物，视力清楚，眼球灵活，身体各部分活动自如；多数食欲减退，有的呈现大口"揞食"而不下咽；粪便干燥，多为球形，不流涎，不露舌，体温无变化。中期兴奋性增强，狂躁不安，笼内急走，嘴咬网箱及食具（图1-33），喜攀登，有痒觉，严重者啃咬自己的躯体或吃掉自己的尾、爪，向人示威狂叫，追人扑物，咬住东西不放；异食性增强，叼取笼箱内异物，撕咬笼内同伴，食欲多数废绝，排出干球状黑绿或红色稀便；眼球不灵活，凝视，少数有眼眵，体温无增高。后期精神沉郁，喜卧；后躯行动不灵活，负重困难并很快发展到前躯，轻者以前肢支撑或跪式向前爬行或以臀部为轴原地偎转，重者全身麻痹躺卧而死；在意识和视力未完全丧失之前，仍尽力寻找目标，一旦触及便咬住不放；死前体温下降，流涎和舌外露。

在全病程中，病貉表现为不怕水，特别在初、中期似乎喜欢水。仔貉病程比老龄貉短，驯养貉追人扑物的凶相次于野生貉。

图1-33　感染狂犬病的貉狂躁不安

【病理变化】

貉剖检可见器官组织充血出血和骨骼肌变性，呈煮肉样。脑髓和脑实质肿胀充血、出血，切片染色镜检可见到细胞质内包涵体（图1-34）。

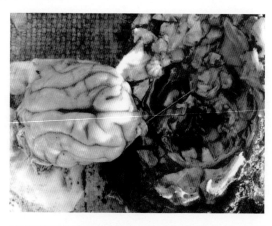

图1-34　感染狂犬病的貉脑组织

【诊断要点】

1）临床诊断：依靠该病发病特点及典型独特的临床症状即可做出临床诊断，如愈合的咬伤伤口或周围感觉异常、麻木发痒、刺痛或蚁走感；出现兴奋、烦躁、恐惧，对外界刺激如风、水、光、声等异常敏感；具有"恐水"症状，伴交感神经兴奋性亢进，继而肌肉瘫痪或颅神经瘫痪。但确诊还有赖于实验室诊断检出病毒抗原，或尸检脑组织 Negri 小体。

2）实验室诊断：目前检测狂犬病的方法有动物接种、病毒分离、血清学实验及分子生物学诊断等，如直接荧光抗体检查法、ELISA 法、斑点酶免疫检测法、RT-PCR 法。

【防控措施】

狂犬病没有特效的治疗方法，只有接种疫苗进行预防。

1）狂犬病活疫苗：该疫苗系用接种狂犬病固定毒发病动物的脑和脊髓组织，经磨碎，加入甘油生理盐水，并加入石炭酸减毒后制成的。此疫苗静置时上部为清亮液体，下部为灰白色或红色沉淀，振摇后即成为灰白色或暗红色的浑浊黏稠液体，于 2~6℃冷暗处保存，有效期为 6 个月。接种部位：动物后腿或臀部肌内注射。免疫期为半年。用量：体重 4kg 以下的犬为 3mL，体重 4kg 以上的犬为 5mL，其他动物视体重大小酌量注射。动物被咬伤时，应立即紧急预防注射 1~2 次，每次间隔 3~5 天。

2）狂犬病弱毒细胞冻干疫苗：该疫苗系用 FLUVY 株狂犬鸡胚低代毒 LEP 在幼地鼠肾细胞系 BHK21 繁殖获得，加保获剂、冷冻干燥制成，为浅黄色的疏松固体，当加入稀释液后成为均匀的乳浊液。本品于 15℃保存，有效期为 1 年，于 4℃保存为半年，只用于犬，其他动物不用。按瓶签注明的头份，每头份加 1mL 菌注射用水（不含 NaCl 更好）或 pH 为 7.4 的磷酸盐缓冲液（PBS）均可，充分振摇溶解。3 个月以上的犬一律肌内或皮下注射 1mL/只。除了进行疫苗注射以外，各养兽场要严格防止狗、猫和其他动物进入场内，如果有猎取的野兽，不能使其直接进场，应隔离观察一段时间。若为已发生了狂犬病的兽场，要实行封锁，杜绝病兽跑出兽场，对死于狂犬病的尸体及可疑尸体一律焚烧。

第二章

▶ 细菌性传染病

☞ 一、水貂气单胞菌病 ☜

水貂气单胞菌病又称出血性败血症，是由弧菌科气单胞菌属的一种革兰氏阴性发酵性杆菌——嗜水气单胞杆菌（*Aeromonas hyrdop-hila*）引起的一种以出血性败血症及血痢为特征的人兽共患传染病。嗜水气单胞杆菌广泛存在于淡水、污水和土壤中，有些菌株对人和动物都有较强的致病性，有些菌株是环境和动物正常菌群的组成部分。该病对水貂养殖业会造成相当大的危害。

【发病特点】

水貂气单胞菌病常以继发（犬瘟热、病毒性肠炎等）的形式出现，但也可在水貂抵抗力下降时单独发生。该病一年四季都可发生，但以夏、秋季最为多见。发病初期常见1只或数只水貂出现症状，随之迅速蔓延全场及邻近貂场，发病率在50%以上，死亡率接近100%。

【临床症状】

发病初期，水貂精神沉郁，不愿活动，食欲减退；后期精神高度沉郁，体温达40℃以上，常卧于一隅，食欲废绝，排黄褐至煤焦油样稀便，后肢麻痹，临死前肌肉痉挛，口吐白沫，流涎，咬笼，尖叫并迅速死亡。病程一般为2~3天，多呈急性经过。

【病理变化】

　　眼观病尸消瘦，尸僵不全，在肛周、尾毛和胫部粘有腥臭粪渣。皮下有出血斑点和水肿，血液凝固不全；肺脏膨大并有出血斑点，心外膜有点状出血；肝脏肿大，呈黄褐色，有出血斑点，质地松脆；脾脏稍肿大，有出血斑点；肾脏肿胀，呈浅黄褐色，质地脆弱，皮质有出血点；肠黏膜潮红肿胀，有散在出血斑点（图2-1、图2-2），结肠内有数量不等的黑红色稀软内容物。镜检见肠道毛细血管扩张充血（图2-3），肺泡腔内充有浆液，间质小血管和小支气管周围有淋巴细胞浸润；肝窦充血，实质细胞颗粒变性；肾小管上皮颗粒变性，脱落坏死，有管型；脾红髓充血，白髓萎缩，结肠黏膜表层上皮呈片状脱落坏死，固有层和下层小血管扩张充血和出血，结缔组织松散水肿，有少数单核细胞和淋巴细胞浸润，肠腺崩解或消失。将心血、肝脏、脾脏抹片，经革兰氏染色，油浸镜检，可见有大量的革兰氏阴性小杆菌。

图2-1　肠黏膜潮红肿胀，有散在出血斑点（一）

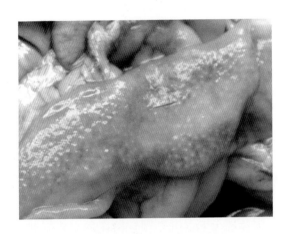

图2-2 肠黏膜潮红肿胀，有散在出血斑点（二）

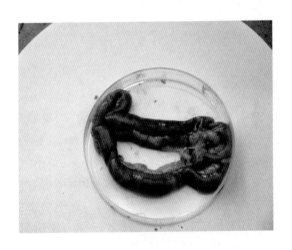

图2-3 肠道毛细血管扩张充血

【诊断要点】

据发病特点、临床症状和病理变化，可做出初步诊断。取心血或肝脏、脾脏、肾脏、肠内容物等，进行分离培养和鉴定，检出产毒型菌株，并经复归试验，若出现典型的出血性肠炎和出血性败血症，即可做出确定诊断。

1）细菌分离培养：从心血、肝脏、肺脏分离细菌，血清平板出现灰白色圆形、半透明菌落，接种麦康凯琼脂、SS 琼脂可见无色圆形、隆起的菌落，血琼脂平板有明显的 β 溶血环，气单胞菌鉴别琼脂红色菌落，镜检可见革兰氏染色阴性，两端钝圆杆菌，形态较小，有荚膜无芽孢。

2）分子生物学鉴定：将细菌送专业测序公司测序。

3）生化试验：该菌能发酵蔗糖、葡萄糖、阿拉伯糖，氧化酶试验为阳性；不能发酵乳糖、鼠李糖、肌醇和山梨醇。硝酸盐还原试验、七叶苷水解试验、精氨酸双水解酶试验、赖氨酸脱羧酶试验为阳性，鸟氨酸脱羧酶试验为阴性，可确定为嗜水气单胞杆菌。

4）药敏试验：纸片法测得头孢喹肟、头孢噻肟、头孢噻呋钠高度敏感，左氧氟沙星、丁胺卡那、氧氟沙星、环丙沙星、庆大霉素、蒽诺沙星中度敏感，强力霉素（多西环素）、阿奇霉素、黏杆菌素、氟苯尼考低度敏感，阿莫西林、氨苄西林、壮观霉素、替米考星不敏感。

【防控措施】

患水貂气单胞菌病的鱼和动物肉尸，以及病人与患病动物的粪便污染物，都可能是该病重要的传染源，故除了严格遵守饲养管理制度外，对饲料和饮水的无害处理尤为重要。另外，对水貂的常见传染病，如犬瘟热、病毒性肠炎等，要定期预防接种，以免使该病由于继发感染而大批流行。若已发病，由于气单胞菌对氯霉素、庆大霉素、新霉素、妥布霉素、链霉素、红霉素和呋喃唑酮等药物敏感，临床上常选用庆大霉素或氯霉素。对每只病貂可试行灌服庆大霉素 2 万单位，每天

2 次，连用 3 天。对于尚未发病的水貂，除隔离饲养外，可试行预防性治疗，每只貂可灌服庆大霉素 2 万单位，每天 1 次，连用 3 天。

二、水貂出血性肺炎

水貂出血性肺炎又称水貂假单胞菌病或绿脓杆菌病，是由假单胞菌科假单胞菌属中的铜绿假单胞菌（又称绿脓杆菌）（*Pseudomonas aeruginosa*，PA）引起的水貂急性败血性传染病。其主要临床特征为急性死亡，死前出现肺出血、肺水肿、呼吸困难、从鼻孔内流出血样液体等症状，常引起仔貂发病，并呈地方性暴发流行。1953 年，Knox 等在丹麦首次报道了水貂出血性肺炎，我国于 1983 年首次报道了该病。近些年来，由于我国水貂养殖规模化和集约化程度明显提高，该病危害程度逐年加深，是严重威胁水貂的重要疾病之一，给水貂养殖造成巨大的经济损失。

【发病特点】

该病多发生于夏、秋季节。秋季，小貂的母源抗体已消失，貂场成年貂或接近成年的貂最多，气温多变，水貂受到秋季换毛等因素的影响，最易染病。据报道，水貂出血性肺炎的死亡率可达 50%，自然感染病例潜伏期 1~2 天，最长的 4~5 天，呈急性或超急性经过。水貂、狐、貉等均可发病，该病幼貂最易感，死亡率也高。该病往往会造成幼小畜禽的大群暴发，造成暴发的先决条件是环境恶劣、营养不良、疲劳运输应激等原因。另外，在水貂群体发病时，常常分离到多种血清型绿脓杆菌菌株。

【临床症状】

发病水貂初期多数精神沉郁，食欲减退，行动迟缓，体温升高，鼻镜干燥，流泪和鼻液，继而出现呼吸困难，呈腹式呼吸，肺部可听到锣音，运动失调，鼻孔流出红色泡沫性液体，有些病貂咯血（图2-4）和鼻出血，死前精神高度沉郁，食欲废绝，并有异常的叫声，出现症状后一般 1 ~ 3 天死亡，有的 4 ~ 6 天死亡。

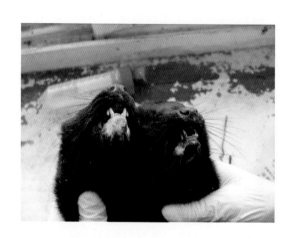

图2-4　水貂肺脏气管出血，咳血

图2-5 水貂肺脏出血

【病理变化】

出血性肺炎的典型病例为肺部充血、出血（图2-5）、肿大，严重者呈大理石样病变，切面流出大量血样液体，肺门淋巴结肿大，肺脏有血细胞浸润（图2-6），气管和支气管黏膜呈桃红色（图2-7），投入水中下沉；胸腺布满大小不等的出血点或出血斑，呈暗红色；心肌弛缓，冠状沟有出血点；胸腔充满浆液性渗出液（图2-8）；脾脏肿大2~3倍，有散在出血点，有的发黑；肾脏皮质有出血点和出血斑；胃和小肠前段内容物混有大量血液，胃黏膜潮红，有小溃疡灶，十二指肠有鲜红色出血斑，淋巴结充血，水肿；肝脏肿大，呈浅褐色；肺脏呈大叶性、出血性、纤维素性、化脓性、坏死性组织学变化，肺组织中的细小动脉、静脉周围有清晰的绿脓杆菌群。

【诊断要点】

根据发病特点、临床症状、病理变化，可初步做出诊断。细菌学检查可做出最后确诊。

图 2-6　整个肺脏被血细胞浸润

图 2-7　气管、支气管出血

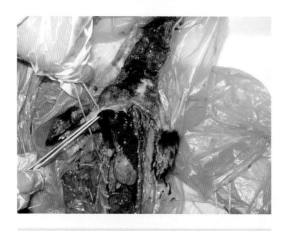

图2-8 胸腔充满浆液性渗出液

1）细菌分离培养：无菌采集肝脏并接种肉汤培养基，需氧培养1~2天，待肉汤培养基表面变为绿色，并有薄膜出现，且在琼脂平皿上长出的菌落为边缘整齐的波状，表面染成青绿色，并发出特殊的生姜气味，即可确诊。

2）生化鉴定法：将各种微量发酵管中分别接种得到的细菌纯培养物，在灭菌平皿中培养2天，结果显示葡萄糖、木糖能被该菌发酵；乳糖、麦芽糖、山梨醇、甘露醇、肌醇、棉籽糖、七叶苷不能被发酵；氧化酶、过氧化氢酶试验呈阳性；尿素酶、硫化氢试验呈阴性。

3）动物接种试验：选用健康小鼠6只，分为2组，每组3只。第一组：用24h分离菌肉汤培养物腹腔注射，每只小鼠注射0.2mL。第二组：用生理盐水注射，每只小鼠腹腔注射0.2mL。结果第一组小鼠很快出现精神沉郁、嗜睡、体温升高、抽搐、口鼻出血等症状，24h内全部死亡。解剖观察病理变化，用肝脏、心血等涂片镜检，并且接种普通琼脂分离培养，所得细菌的形态及生化特性与前面所述相同。第二组全部正常，则确诊为绿脓杆菌感染。

4）快速诊断：取病变肺脏放入水中，如果直接沉底（图2-9），初步可判定为出血性肺炎。

图2-9 被血细胞浸润的肺脏在水中下沉

【防控措施】

1）隔离消毒。首先要隔离病貂，用5%热氢氧化钠溶液对笼舍、粪便等进行喷洒消毒，尤其要彻底清理掉粘在笼舍上的绒毛，防止飞扬的病貂绒毛污染食物或饮水，并且要对食槽及饮水槽进行彻底清洗消毒。地面消毒可用洗必泰（氯己定）、新洁尔灭、消毒净等。对病死水貂焚烧深埋。其次要加强饲养管理，将饲料更换为新鲜无污染的饲料，肉类饲料要暂时熟喂，并且提供新鲜、清洁的饮水，切断传播途径。

2）做好疾病预防。目前各国在水貂出血性肺炎的预防中多以疫苗产品为主，将流行血清型的菌株灭活后制备成多价灭活疫苗，可有效预防同类血清型菌株引起的出血性肺炎。我国还没有该疫苗的产品，中国农业科学院特产研究所根据我国水貂出血性肺炎的流行特点已成功研制出绿脓杆菌多价灭活疫苗，经实验室试验表明，该疫苗的免疫期为5个月，免疫期内保护率可达到80%以上。另外，要做好犬瘟热的预防。现在犬瘟热疫苗商品化程度较高，我国目前用于预防犬瘟热的疫苗有单价苗、三联苗、五联苗、六联苗和七联苗。水貂在45～50日龄首免，14～28天后加强免疫一次，可以较好地预防犬瘟热的发生，从而可以达到预防出血性肺炎的效果。

三、水貂巴氏杆菌病

巴氏杆菌病（pasteurellosis）是由多杀性巴氏杆菌（*Pasteurella multocida*，PM）感染引起的毛皮动物的一种急性、败血性传染病。水貂巴氏杆菌病又称出血性败血症，以败血和内脏器官出血为主要特征，常呈地方性流行。水貂巴氏杆菌病最早报道于1930年，我国自1958年首次报道水貂巴氏杆菌病以来，该病不断发生，严重威胁我国毛皮动物养殖业的健康发展。

【发病特点】

水貂巴氏杆菌病一般无季节性，但多发生于春、夏及秋季，其诱因多为天气骤变、长途运输、长期饲喂不全价饲料及患有其他慢性疾病，卫生条件差、饲养管理不严等都可能促进该病的发生和发展。水貂巴氏杆菌病多为急性经过，最急性者看不见明显症状即发病死亡，一般病程为2～3天。其发病率、死亡率与发病原因及防治措施密切相关，发病率可达65%以上，死亡率为90%。幼貂的发病率和死亡率均高于成貂。该病可通过消化道、呼吸道及损伤的皮肤、黏膜等侵入机体。当饲喂污染的饲料经消化道感染时，可迅速引起该病流行。若通过其他途径感染，可能为散发。

【临床症状】

症状多表现为水貂突然减食或拒食，精神沉郁，鼻镜干燥，不愿活动，卧于小室，有的出现叫声，体温达40～41℃，呼吸困难，严重下痢，呈灰绿色，有的混有血液，有的头部出现轻度水肿。该病主要病变为肝脏出现大面积出血点（图2-10）和肿大坏死（图2-11）；后期食欲完全废绝，出现兴奋或痉挛，通常于昏迷或痉挛中死去。濒死期体温下降至35~36℃。有的病例死后可见鼻腔内有血迹。最急性型一般见不到临床症状而突然死亡，多见于幼貂。亚急性型有高热、呼吸困难及血便。慢性型主要表现为下痢，便血，经3~5天或更长时间死亡。

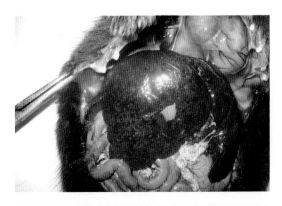

图2-10　肝脏布满出血点

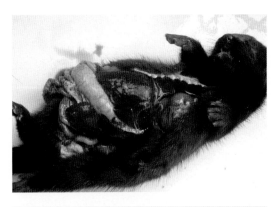

图2-11　肝脏肿大坏死，有明显的出血斑

【病理变化】

　　该病主要以实质脏器黏膜、浆膜出血为特征。甲状腺水肿，有出血点，严重的出现肝变区。气管充血，心内膜、隔膜均有针尖大小的出血点。胸腔有浅黄色渗出液（图2-12）。肝、脾明显肿大，出血点弥漫。肾皮质有点状出血。肠系膜淋巴结肿大，有出血点。有的肠管内混有血液和黏液（图2-13）。肺脏呈暗红色，有大小不等的出血点（图2-14），

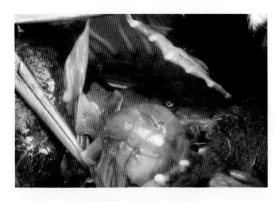

图2-12　胸腔有渗出液

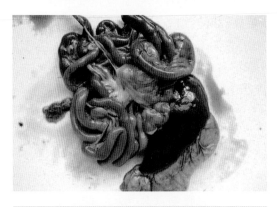

图2-13　肠管内混有血液和黏液

图2-14　肺脏有大小不等的出血点

【诊断要点】

水貂巴氏杆菌病可根据临床症状及实验室检查等综合分析，即可确诊。实验室诊断如下：

1）细菌学检查：涂片检查，取新鲜貂尸的心血、肝脏或脾脏涂片，作亚甲蓝或姬姆萨染色和革兰氏染色，镜检可见到两极浓染的革兰氏阴性的球杆菌（图2-15），即可初步确诊。如果细菌数量少，可取心血、肝脏或脾脏组织，用含有血液或血清的培养基进行增菌培养，然后再检查。

2）分离培养：无菌条件下取新鲜病料（心血、肝脏、脾脏、脑）分别接种于血琼脂及麦康凯琼脂平板上，37℃培养24h。在血琼脂上，巴氏杆菌呈现圆形、半透明、灰白色露珠状小菌落，不溶血，可取该菌落涂片镜检，在麦康凯琼脂上应无菌落生长。

3）生化反应：巴氏杆菌能分解葡萄糖、蔗糖、甘露糖、麦芽糖，产酸不产气，不分解乳糖、鼠李糖；有的分解木糖（Fg型）；有的分解伯胶糖（Fo型）；能产生靛基质，甲基红（MR）和乙酰甲基甲醇（V-P）试验呈阴性。

4）动物接种：取病貂的肝脏、脾脏用无菌生理盐水稀释10倍制成乳剂，离心后给小白鼠或家兔接种，接种动物应在18~24h发病死亡。取其肝脏、脾脏、心血，若分离出巴氏杆菌，即可最后确诊。

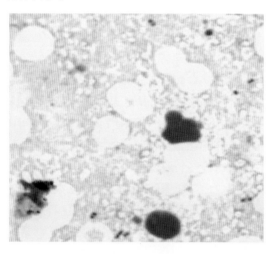

图2-15　细菌分离照片

【防控措施】

水貂巴氏杆菌病发病急，往往来不及治疗就大批死亡。因此，该病应以预防为主。首先应搞好貂场卫生，把好饲料质量检查关。增强机体抵抗力，采取定期预防接种，最好每年春秋两次免疫，即可达到预防的目的。发生该病后，首先应迅速查清传染来源和传播途径，及时隔离和治疗病貂。该病的特效治疗方法是应用巴氏杆菌多价高免血清，一般成貂皮下注射10~15mL，幼貂皮下注射5~10mL。对可疑病貂也应该用高免血清进行防治，同时及早应用抗生素和磺胺类药物，具有良好的预防和治疗效果。巴氏杆菌对氯霉素最敏感，其次是红霉素、青霉素、链霉素、庆大霉素等。对发生该病的貂场，除治疗病貂外，对假定健康的同群貂可采取在饲料中加入抗生素或磺胺类药物，进行治疗和预防。

四、大肠杆菌病

大肠杆菌病（colibacillosis）是由埃希氏大肠杆菌（*Escherichia coli*，E. coli）感染引起的动物肠杆菌科中较常见的一种条件性致病菌，毛皮动物特别是幼兽对其十分易感。该病为一种急性败血性传染病，以重度的腹泻为主要临床特征。此外，出血性肺炎及神经系统的损害也见有独立发生。大肠杆菌是 Escherich 在 1885 年发现的，在相当长的一段时间内，一直被当作正常肠道菌群的组成部分，认为是非致病菌。直到 20 世纪中期，才认识到一些特殊血清型的大肠杆菌有致病性，常引起严重的腹泻和败血症，随着毛皮动物饲养规模的不断扩大，病原性大肠杆菌对毛皮动物饲养业的损失已日趋严重。

【发病特点】

自然条件下，各种年龄的毛皮动物均可感染，但以哺乳期幼兽和断乳前后的仔兽最易感。该病一年四季都可发生，但多在 5~9 月份呈散发或暴发流行，其致死率与病原菌的毒力、机体的抵抗力、防治措施是否得当有直接关系。在各种不良因素的作用下，该病常自发感染。因大肠杆菌是毛皮动物肠道内寄居菌，正常时，与肠道其他菌群处于动态平衡状态，并不引起动物发病。在有诱因存在的条件下，如母兽乳汁缺乏、质量不佳，小室潮湿、卫生不良，仔兽突然断乳或断乳后饲料质量低劣、营养不全价，饲料突变、饲养管理粗放，气候多变、高温闷热、寒风侵袭等因素，都可导致病原性大肠杆菌乘机大量繁殖，产生毒素，造成内源性感染。外源性感染主要是病原微生物通过不同的传递因素而进入毛皮动物体内，导致发病。

【临床症状】

1）水貂：病貂精神沉郁，被毛蓬乱无光，不爱活动，喜卧于笼或躲在小室内。体温高达40℃以上，鼻镜干燥，有的病例呼吸促迫。病初水貂食欲减少，排水样粪便，呈灰白色。随病程的进展，食欲废绝，粪便为稠状，呈黄绿色乃至粪中带血。常见到粪便中混有黏液，肛门周围被粪便污染。有的病例出现呕吐，患貂极度衰弱，弓背卷腹；眼窝凹陷，全身无力。有的病例出现神经症状，表现阵发性全身抽搐，四肢强直，角弓反张，口吐白沫。一般呈急性经过，病程为1~3天，慢性经过者多呈散发。

2）北极狐、银黑狐、貉：多发生于生后15日龄到断乳前后，产后20~30日龄最易感。表现精神萎靡不振，食欲消失，呻吟，尖叫，体温升高，鼻镜干燥，粪便稀软，呈灰白、黄绿或黑褐色。小便失禁，肛门及阴部被毛常被粪尿浸湿，有的出现呕吐。哺乳期仔兽多以神经症状出现，粪便不见异常，表现出间断性抽搐，呈仰卧或侧卧式，四肢似游泳状。症状缓解时，四肢不完全性麻痹，呈爬式运动。症状严重时，昏迷，角弓反张，休克死亡。急性者几小时到十几小时，病程一般不超过1天；慢性病多侵害消化系统，也见有单独的侵害呼吸系统，表现为出血性肺炎，病程可达3天以上。

【病理变化】

由于病原体侵害部位不同，其病理变化不一，多数毛皮动物病变以胃肠道为主，尸体外观营养不良，消瘦，眼球凹陷，可视骨骼突出，肛门部位被粪便污染，皮下无脂肪，血样腹水，胃壁黏膜水肿，表面附有多量黏液，肠黏膜脱落，肠壁菲薄，半透明状，肠系膜淋巴结出血，水肿，切面多汁。有的因大肠杆菌病死亡的毛皮动物，肠道病变并不显著。胃肠道有卡

他性炎症，脾脏充血肿大（图2-16），有时可见陈旧性出血
点，肝脏浑浊，色泽正常或呈土黄色，肾脏呈灰黄或土黄色，
实质软化，髓质和皮质常见出血。病理组织学变化可见，胃肠
黏膜上皮脱落，肠绒毛坦露，固有层水肿，有少量炎性细胞浸
润，黏膜层腺体萎缩，腺上层完全被破坏，回肠杯状细胞增
多、变大，肺、肝内积聚有多型核白细胞，肝细胞脂肪变性，
肾间质血管充血（图2-17），肾小管扩张，上皮细胞有粒变
性，脾髓充血，有大量的巨噬细胞。特别是水貂、狐、貉的幼
兽，表现出肺弥漫性出血，肺门淋巴结肿大出血，胸腔积水并
混有血液呈粉红色（图2-18）。

图2-16　脾脏充血肿大

图2-17　肾脏充血肿大，以败血症为主

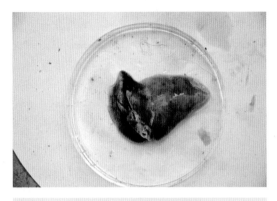

图 2-18 肺脏被血液浸润

【诊断要点】

根据发病特点，临床症状、病理变化可做出初步诊断，确诊需微生物学诊断。

1）镜检：取被检病料的肝、脾、肺、淋巴结及心血，进行涂片、染色检查，一般可看到革兰氏染色阴性、亚甲蓝染色两极浓染的球杆菌。①细菌分离培养：无菌条件下刮取上述病料，分别接种于普通肉汤普通琼脂斜面、血清斜面及肝汤肝块厌氧培养基中，37℃培养24h，如果上述培养基有细菌生长时，首先观其菌落形态、颜色等，然后进行涂片染色检查，若与初次镜检细菌形态及染色特性一致，其运动性为阴性，即可初步确诊。②动物实验：为进一步确定分离出的大肠杆菌有无致病性，尚须进行动物接种。无菌条件下取24h细菌培养物，腹腔接种10～15g小白鼠0.1mL，如果被接种的小白鼠死亡，再以其脏器涂片镜检，一旦与所按种之细菌完全一致，则可确诊为大肠杆菌病。

2）生化鉴定：一般对大肠杆菌无须做生化鉴定，必要时可选取典型菌落接种于某些有鉴定意义的生化培养皿中，24～48h观察结果。大肠杆菌不发酵乳糖，靛基质阳性，在麦康凯琼脂上不生长，石蕊牛乳无变化。血清学试验：为确定分离出的大肠杆菌血清型，可用玻板凝集法进行单价或多价因子血清凝集试验，以区别不同毛皮动物大肠杆菌血清学之异同，可为该病免疫提供理论依据。

【防控措施】

加强饲养管理。对圈舍彻底消毒，保持通风。大肠杆菌病虽然发病急，死亡率高，但采取及时得当的综合性防治措施，一般不难控制疫情。兽场一旦发生本病，必须采取综合性防治措施，首先排除可疑致病因素，切断传染源，选择细菌高敏感药物进行全群预防和治疗，如庆大霉素、卡那霉素、复方磷霉索钙、喹乙醇、复方新诺明等都是治疗大肠杆菌有效的药物。此外，在发病时，要注重对兽舍、笼箱、饮食用具的消毒，及时清除粪便，平时应注重防疫工作，注意饲料卫生，腐败变质、可疑污染的饲料、饲草不能饲喂。饮水超过大肠杆菌指标时，应采取消毒措施。对哺乳期母兽及幼兽应精心护理，防止外界不良应激因素。幼兽由哺乳转为采食时，应及时补饲，保证饲料优质、全价、新鲜、多汁、适口性强、易于消化。不同生产时期，要尽可能保证饲料相对稳定，不可发生突变。在药物预防上，可定期投服抗生素或磺胺类药物。

五、沙门氏菌病

沙门氏菌病（salmonellosis）又称副伤寒，是由沙门氏菌属（*Salmonella*）的细菌感染引起的疾病总称，主要的病原有肠炎沙门氏杆菌、猪霍乱沙门氏杆菌和鼠伤寒沙门氏杆菌。另外，在水貂中还发现有雏白痢沙门氏菌、都柏林沙门氏菌、蒙秦维提尔沙门氏菌、婴儿沙门氏菌等。该病以发热、急剧下痢及败血症经过为主要临床症状，也可引起妊娠母兽的流产。

【病原学】

沙门氏细菌是革兰氏阴性杆菌，不产生芽孢也无荚膜，绝大部分沙门氏菌有鞭毛，能运动，在普通培养基上生长良好，需氧及兼性厌氧，最适生长温度为37℃。根据其不同的菌体抗原、荚膜抗原和鞭毛抗原，已发现2500种以上的血清型，大多数沙门氏菌属于肠道沙门氏菌，该菌对干燥、腐败、日光等因素具有一定的抵抗。在外界条件下可生存数周或数月，煮沸60℃ 1h 或 70℃ 20min 或 75℃ 5min 即可死亡。对化学消毒剂抵抗力不强，一般常用消毒剂及消毒方法均能达到杀死该菌的目的。

【发病特点】

自然条件下，狐、貂、兔、海狸鼠及毛丝鼠易感，貉及察鼠对沙门氏菌病耐受力较强，实验动物小白鼠最易感致死。该病主要从消化道感染，被沙门氏菌污染的畜、禽肉、乳类、饮水、精料饲草等为主要传染源。幼龄毛皮动物最易遭其侵害；成年兽对该病具有一定的抵抗力；妊娠兽发生沙门氏菌病时，常发生大批流产及产后仔兽死亡。由饲料污染所引起的沙门氏菌病一年四季均可发生，多在 6 ~ 8 月份呈暴发或地方流行，并伴有较高的致死率；而由内源性感染所导致的，多呈散发或继发某一传染病过程中。

【临床症状】

该病的潜伏期依毛皮动物机体抵抗力及细菌的数量和毒力不同而异，一般由 2 天至数周不等。临床上分为急性、亚急性和慢性型。

1）急性型（败血型）：当机体抵抗力减弱而病原体毒力较强的时候，病菌侵入机体后迅速发展为败血症，引起急性死亡。

病兽表现为体温突然升高至41～42℃，不食，精神沉郁，呼吸困难，背腰弓起，行走蹒跚，喜卧小室或蜷缩运动场一角，有的病兽出现轻微腹泻。一般于出现症状后24h内死亡，其致死率较高。银黑狐、北极狐、兔、毛丝鼠及海狸鼠多以败血型出现。北极狐，病程短而急，于发病后几小时内死亡，死后腹部明显膨大。母兔于产后2～3天突然死亡，死前无明显异常表现。

2）亚急性型：具有典型的临床表现，患兽精神不振，体温升高，被毛蓬乱无光，持续性水样腹泻，粪中带血，体质消瘦，眼球凹陷，四肢无力，后期后肢常出现不完全性麻痹，于极度衰竭而死亡，病程可持续1～2周。北极狐和银黑狐若感染猪霍乱沙门氏菌，以亚急性型出现时，黏膜及皮肤常出现黄疸，而貂则无此表现。兔常由肠炎沙门氏菌引起，多侵害孕兔，表现为腹泻，并排出带有泡沫样黏液性粪便。患病母兔常从阴道内流出黏液及脓性分泌物。怀孕母兽常发生流产（图2-19），流产胎儿呈暗红色，阴门出现大量血样物；子宫黏膜出血，伴有炎症变化。哺乳期仔兽感染此病多以亚急性型出现，母貂容易死亡（图2-20），表现虚弱，无力，吸乳能力减退，常发出呻吟、尖叫，有时出现昏迷和抽搐。

图2-19 孕兽流产

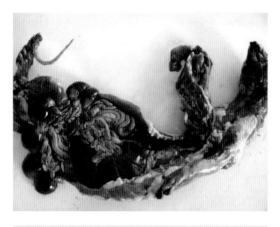

图 2-20　母貂死亡

3）慢性型：较少见，主要表现为长期食欲不振，卡他性胃肠炎，粪中带有黏液，进行性消瘦、贫血，精神倦怠，四肢无力，浮走缓慢，可在极度衰竭时于数周后死亡。自然耐过的毛皮动物生长发育不良。

【病理变化】

急性死亡的毛皮动物营养程度与病前无大区别，外观可视黏膜苍白、贫血，剖检可见各实质脏器颜色较浅，血液凝固不良。在个别死亡的北极狐胃内有大量食物充满恶臭气体，膀胱积尿，肠道有卡他性炎症，除此之外一般无显著变化。

亚急性型死亡的毛皮动物病变明显，各实质脏器均见有程度不同的充血和出血腹水，呈鲜红色。银黑狐和貂皮下及脂肪组织有黄染现象，肝脏肿大，质脆，切面多汁，肝表面有散在的黄白色坏死灶，胆囊充益，脾呈暗红色。北极狐、兔、海狸鼠及毛丝鼠脾轻微肿胀，而貂、银黑狐脾边缘钝圆切面外翻出血显著肿大 3~5 倍；肾脏微肿，呈浅黄或暗灰色，肾包膜下有点状出血，切面多汁，皮质和髓质常见有散在的针尖大出血点；肺一般无明显病变，肠道有不同程度的出血，黏膜覆盖有一层黏稠的血样物；小肠出血较大肠严重，肠系膜淋巴结水肿、出血呈暗红色，切面多汁；胃黏膜脱落，有少量食物和煤焦油样黏液；膀胱空虚有散在的出血点；心外膜有点状出血，心脏内充满紫黑色血液。妊娠期死亡的毛皮动物子宫稍肿大，内膜有一层浅黄色纤维素性污秽物。

【诊断要点】

1）镜检：以死亡病兽的脏器及流产胎儿的肝、脾涂片、染色，镜下可见有革兰氏染色阴性、中等大的杆菌（图2-21）。

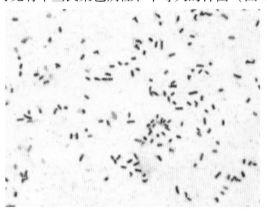

图2-21　沙门氏菌革兰氏染色

2）分离培养：未污染的病料可直接从病变的组织及流产胎儿的肝、脾选取进行无菌接种培养；污染的材料可采用四硫磺酸钠亮绿基础培养基培养。沙门氏菌经37℃24h培养，在常用培养基上均可生长；在血液及血清琼脂斜面上长势较旺，为中等大小、圆形或卵圆形、表面光滑、无色半透明、边缘整齐的菌落；在普通肉汤和肝汤肝块液体培养从中呈均匀混浊生长。用典型菌落制成悬滴压片可观其运动性，除鸡白痢与鸡伤寒两型外，其他型沙门氏菌均能运动。

3）致病力实验：无菌条件下取24h肉汤纯培养物0.1～0.3mL，腹腔接种体重8～15g的健康小白鼠，毒力较强株约接种18h左右即可致死，最迟不超过48h。

4）生化鉴定：由于沙门氏菌在形态及染色上无特征，因而，生化反应对该菌的鉴定意义较大。将18～24h细菌纯培养物接种于麦康凯琼脂、克氏铁琼脂、伊红美蓝（曙红亚甲蓝）琼脂、B.J.B琼脂等鉴别培养基上，并做枸橼酸盐利用、明胶液化、乙酰甲基甲醇、甲基红、靛基质及糖发酵等试验，24～48h判定结果。沙门氏菌在麦康凯琼脂上生长，但菌落颜色不变；在克氏铁琼脂上斜面为红色，高层为黄色；在伊红美蓝琼脂上菌落呈黄白色；在B.J.B琼脂上培养基仍为蓝色。多数菌株能利用枸橼酸盐，不液化明胶；发酵葡萄糖、麦芽糖、甘露醇，产酸产气，不分解乳糖和蔗糖；靛基质和乙酰甲基甲醇试验为阴性，甲基红反应为阳性。

5）血清学试验：沙门氏菌抗原型需进一步研究，但一般对动物致病的沙门氏菌血清型，98%以上均属于A～E群。因此，若做常规性鉴定，选取典型菌落与A～E多价抗O血清进行玻板凝集试验，即可做出判断，确定其属于何群。

【防控措施】

预防沙门氏菌病的发生，首要问题就是应严格检查肉类、乳类及饲草等，有些因患沙门氏菌病死亡的家畜或隐性感染的家畜被屠宰后，由于忽略卫生检验，用其肉类及下杂等饲喂肉食性毛皮动物，最容易造成该病的暴发。因此，对所购来的动物性饲料，毛皮动物场应进行严格检疫，否则会引起后患。对草食毛皮动物，关键是防止饲草的污染，因此，对每批收购或采集的饲草来源应严加注意，如果是在池塘边、涝洼地、下游处或离居民区较近的地方采集的，则极易污染，故应尽量杜绝。此外，蔬菜类、根块类饲料也应清洗干净后再饲喂草食毛皮动物。

平时应注意提高兽群的营养状态，对应激因素应有预防措施。对妊娠兽及仔兽应特别注意饲料的新鲜度及适口性，可疑污染或劣质饲料不能饲喂毛皮动物。经治愈康复的毛皮动物可长期排菌，对健康兽威胁较大，应将其隔离饲养，一律按皮兽处理。

【治疗方法】

当怀疑毛皮动物感染沙门氏菌或已确定患沙门氏菌病时，应立即查明原因，若为饲料污染引起的，应立即撤换；若由饮水污染引起的，应更换水源或对饮水进行消毒；若为饲养管理失调而导致机体抵抗力下降的内源性感染时，应改进饲养管理措施，提高饲料质量，并保证其相对稳定。与此同时，选用化学药物进行治疗，尽早扑灭疫情。下列药物可供选择：

1）氯霉素：是沙门氏菌的首选药物。深部肌内注射，每日2～3次，疗程为4天。狐、貉、海狸鼠每次0.25～0.5g，貂、兔0.25g，毛丝鼠0.125g。口服时，狐、貉每次0.5～0.75g，貂0.25～0.5g。

2）庆大霉素：肌内注射，每日3次，疗程为3～4天。狐、貉、海狸鼠每次2万～4万单位，貂、兔1万～2万单位，毛丝鼠0.25万～0.5万单位。

3）复方新诺明：口服，每日2次，首次用量加倍，疗程为3天。狐、貉、海狸鼠每次0.25～0.5g，貂、兔0.125～0.25g，毛丝鼠察鼠0.07～0.125g。

4）复方磷霉素钙：口服，每日2～3次，疗程为4天。狐、貉每次75～225mg，貂75～100mg。

治疗时应保证剂量准确，按时用药，疗程充足，及时观察药物治疗效果。用药2个疗程后，应立即更换其他药物，同时对病兽的精心护理至关重要。妊娠兽及仔兽患沙门氏菌病时，应及时清除排泄物，勤换垫草，彻底地对饮食用具、小室、笼箱进行消毒。

六、布鲁氏菌病

布鲁氏菌病（brucellosis）又称布氏杆菌病，是由布鲁氏菌（*Brucella*）引起的一种人畜共患烈性传染病，也是一种自然疫源性传染病。动物布氏杆菌病以生殖系统发炎、流产、不孕、睾丸炎、关节炎等为主要特征。人的布氏杆菌病则表现为波浪热、多汗、关节痛、神经痛和肝脏、脾脏肿大等。公元708年我国已有该病的记载，现已广泛分布于全世界。此病对畜牧业生产及人类健康带来严重危害，可使妊娠母兽流产、仔兽弱生、周龄内死亡率高。现已查明哺乳动物、爬虫类、鱼类、两栖类、鸟类、啮齿类和昆虫等60多种动物对布鲁氏菌均有不同程度的易感性，或带菌而成为该菌的天然宿主，即自然疫源保菌者。

【病原学】

布鲁氏杆菌，简称布氏杆菌，球杆状，革兰氏阴性，无鞭毛，不形成芽孢，在多数情况下不形成荚膜。国际上将布氏杆菌属分为6个生物种，20个生物型。6个生物种有羊布氏杆菌、猪布氏杆菌、牛布氏杆菌、沙林鼠布氏杆菌、绵羊布氏杆菌和犬布氏杆菌。各型菌在形态上无任何区别，但致病力却不同。

毛皮动物是由布氏杆菌属的羊型、猪型、牛型布氏杆菌引起的慢性传染病。布氏杆菌是一种长 $1 \sim 2 \mu m$、宽 $0.5 \mu m$，不能运动、不产生芽孢的球杆菌。在陈旧的培养基中，有时一端膨大成棒状，因此，有些学者把它列入棒状杆菌属。

布鲁氏菌对外界环境有较强的抵抗力，在体外对干燥和寒冷能保持很长时间，具有传染性。在干燥的土壤中可存活37天，在水中可存活6~150天，在湿润土壤中可存活72~100天，在污染的皮张中可存活3~4个月，在粪便中能存活45天，在尿中能存活46天，在污染的衣服中能存活15~30天，在咸肉内能存活4个月，在冻肉内能存活5个月以上，在乳制品内能存活16天。

布鲁氏菌对湿热特别敏感，55℃ 2h、65℃ 15min、70℃ 5min就被杀死，煮沸可立即死亡，对一般的化学药品抵抗力较差。在1%~2%石炭酸、克辽林、来苏儿溶液中1h内死亡；在1%~2%甲醛溶液中经3h被杀死；在5%生石灰乳中经2h即可被杀死。

【发病特点】

布鲁氏菌病发病无季节性，但产仔季节多见，成年兽感染率较高，幼兽发病率较低。主要是由饲料感染，特别是生喂牛、羊内脏及其下脚料、乳制品等容易感染。银狐、蓝狐、水貂等经济动物时有散发流行。该病的典型症状可见于妊娠母兽流产和产下生活力弱的仔兽。流产母兽排出的恶露分泌物和胎儿是最危险的传染源。布氏杆菌病除经消化道和接触传染外，通过病兽的精液也可以传染。

【临床症状及病理变化】

银狐经人工感染，潜伏期平均为4~5天。潜在经过是毛皮动物患布鲁氏菌病的主要特征。母兽主要表现为不孕、流产、死胎（图2-22）、体温升高或产生弱仔兽、食欲下降，生殖机能下降，个别的出现化脓性结膜炎、空怀率高；公兽性欲减退、精子活力下降、配种能力下降等。

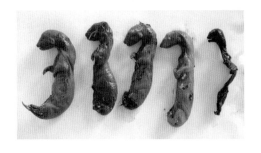

图 2-22 流产、死胎

⚠️ **注意**：流产、死胎极具传染性，必须立即销毁处理。

妊娠中、后期死亡的母兽，子宫内膜有炎症或有糜烂的胎儿，外阴部有恶露附着，淋巴结和脾脏肿大（图 2-23），其他器官充血、瘀血，公兽有的出现睾丸炎。

对照组　　　　　　染病组

图 2-23 布鲁氏菌病感染后脾脏
显示肿大

【诊断要点】

由于布鲁氏菌病临床症状不具特征，病理变化也不明显，所以主要靠细菌学及血清学检查来诊断。

1）细菌学检查：采取胎衣、胎儿的胃内容物、母兽阴道分泌物或有病变的肝脏、脾脏、淋巴结等组织制成涂片，用改良柯氏染色法或改良抗酸染色法染色（图2-24）。

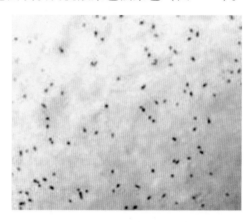

图2-24　布鲁氏杆菌被染成橙红色

① 改良柯氏染色法：在涂片干燥后用火焰固定，以碱性浓沙黄液染色1min（染液为饱和沙黄水溶液2份与1mol/L的氢氧化钠1份混合而成），水洗，以0.1%硫酸脱色15s，水洗，用3%亚甲蓝水溶液复染15～20s，水洗，干燥后镜检。布鲁氏杆菌被染成橙红色，背景为蓝色。

② 改良抗酸染色法：当涂片干燥后用火焰固定，用石炭酸复红原液做1∶10倍稀释，染色10min，水洗，用0.5%醋酸迅速（不得超过30s）脱色，水洗，用1%亚甲蓝液复染20s，水洗，干燥镜检。布鲁氏杆菌染成红色，背景为蓝色。

2）血清学检查：

① 补体结合反应：本反应对布鲁氏杆菌病有很高的诊断价值，无论是急性或慢性的病兽都能检查出来，其敏感性比凝集反应高，但操作复杂。一般毛皮动物发生流产后1～2周采血检查，可提高检出率。

② 凝集反应：在该病诊断中应用最广的是试管凝集试验（图2-25），此外平板凝集试验也较常用。试管凝集反应是用生

理盐水倍比稀释，血清取 1∶25、1∶50、1∶100、1∶200，然后用每毫升含 100 亿菌的布鲁氏杆菌抗原作反应。最后判定，血清凝集价在 1∶25（＋）时，判定为疑似反应；在 1∶50（＋＋）时判为阳性反应。疑似反应病例，经 3～4 周后，采血再做凝集反应试验。

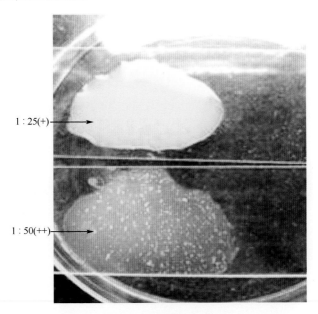

图 2-25 凝集反应试验

　　布氏杆菌病与副伤寒相类似，但根据细菌学检查即可鉴别。副伤寒病原体常出现在血液内和脏器中，同时副伤寒固有病理变化比较明显。水貂布氏杆菌病虽然与阿留申病相似，但通过血清学检查可得到鉴别，阿留申病血清在对流免疫电泳中呈现阳性反应，而布氏杆菌病则没有；病理组织学检查，阿留申病典型的浆细胞增多，而布氏杆菌病没有这种变化。布氏杆菌病急性期有弥漫性细胞增生，慢性期则可出现由上皮组织、巨噬细胞、浆细胞及淋巴细胞组成的肉芽肿，但无干酪样坏死。

【防控措施】

毛皮动物养殖场应加强肉类饲料的管理，不购买来源不清的动物的肉类及副产品，或经高温无害处理后，方可饲喂。兽场人员做好自身防护，可用冻干布鲁氏菌病活菌苗预防，并定期检查有该病易感动物及其产品接触经历的人员，有上述临床症状的应及时就医治疗。

【治疗方法】

通过药敏试验证明布鲁氏杆菌对链霉素、庆大霉素、卡那霉素、土霉素、金霉素、四环素敏感。对病兽可应用上述抗生素药物进行治疗，剂量如下：

1）链霉素：每千克体重注射 10～20mg，每天 2 次。

2）庆大霉素：每千克体重肌内注射 1 万单位，每天 1 次。

3）卡那霉素：每千克体重肌内注射 5～10mg，每天 3 次。

4）土霉素：每千克体重内服或肌内注射 20～40mg，每天 2～3次。

5）金霉素：每千克体重内服 20～40mg。

6）四环素：每千克体重内服或肌内注射 20～40mg，每天 2～3次。

没有治疗价值的，隔离饲养到取皮期，淘汰取皮。

七、狐阴道加德纳氏菌病

狐狸阴道加德纳氏菌病是由狐狸阴道加德纳氏菌（gardnerella vaginalis of fox，GVF）引起的一种人兽共患传染病，多是通过交配和人工授精传播，是目前狐狸流产和死胎等生殖系统疾病的主要病原之一。

【病原学】

狐狸阴道加德纳氏菌属于加德纳氏菌属（*Gardnerella*），是其中一个亚种。细菌大小为（0.6~0.8）μm×（0.7~2.0）μm。狐狸阴道加德纳氏菌在固体培养基上生长形成圆形、凸起、半透明的菌落，染色镜检革兰氏染色可变，多数为革兰氏染色阳性，形态呈球杆状、近球形或杆状等多种，呈单个、短链或长链排列，无荚膜，无芽孢，无鞭毛，没有运动性。

【发病特点】

该病发病有明显的季节性，狐最易感，其次是貉、水貂，配种期后狐群的感染率显著增高，银黑狐、蓝狐、彩狐及赤狐均易感，蓝狐感染率高于其他狐种，育成狐低于成年狐，老狐场高于新狐场。由狐阴道加德纳氏菌病引起的狐空怀、流产占狐空怀、流产总数的 45%~70%，病狐和带菌狐是主要的传染源。

【临床症状】

狐感染该病主要导致母狐的阴道炎、尿道炎、子宫颈炎、子宫内膜炎、卵巢囊肿、肾周肿胀及败血症（图 2-26）和泌尿与生殖系统疾病（图 2-27），公狐主要呈现睾丸炎、前列腺炎、死精及精子畸形等病变。主要临床特征是妊娠狐的流产、空怀（图 2-28），严重影响其繁殖力；公狐的性欲降低，性功能减退，给养狐业造成严重损失。感染后第 3 天狐体温平均升高 1.4~1.6℃，第 7~12 天，全部流产。各品种狐均可感染该病，但是北极狐感染率最高。

图 2-26　加德纳氏菌病导致的狐全身败血性出血

图 2-27　狐狸阴门外翻

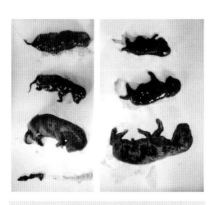

图 2-28　流产狐

【诊断要点】

引起狐繁殖障碍的因素较多，绿脓杆菌等病原还有饲料营养、饲养管理等方面均能引起流产，一定要注意鉴别诊断，可以通过临床症状和病理解剖进行初步诊断，进一步确诊需要通过病原分离鉴定实验、血清学检测和分子生物学方法进行。

1）细菌分离鉴定：从子宫及流产的胎儿体内分别用接种环无菌取样，接种于固体培养基和5%绵羊血琼脂平板；将平板置于37℃恒温培养箱中培养24h后观察细菌的生长情况，并进行革兰氏染色镜检（图2-29）。

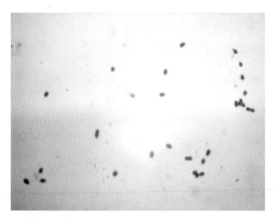

图2-29 革兰氏染色阳性

2）血清学检测：目前常用虎红平板凝集方法进行血清学检测。只需将被检血清与加德纳氏菌虎红平板凝集抗原混匀即可，出现 + + 以上凝集为阳性，3min 出结果。该检测方法抗原检出率为99.2%，符合率为95%。

3）分子生物学检测：PCR 诊断技术是当前应用范围极广的分子生物学诊断方法，具有特异性强、敏感性高、检测速度快等优点。通过采集疑似感染狐阴道加德纳氏菌病料，提取菌体 DNA 为模板进行 PCR 扩增，以 16SrRNA 基因序列设计的特异性引物可扩增出目的片段。这种方法非常适用于加德纳氏菌与杂菌（大肠杆菌、沙门氏菌、金黄色葡萄球等）混合感染的检测，即使加德纳氏菌含量较低也可以检测到。

【防控措施】

目前国内外多采用接种疫苗的方法预防狐阴道加德氏菌病，在初次使用疫苗预防该病时，比较科学和有效的方法是，先用虎红平板凝集抗原检测，对确定为阴性（非感染）的狐立即注射疫苗预防；对阳性（感染）狐隔离饲养至取皮期淘汰或以药物治疗后 20～30 天再注射疫苗预防。对饲养规模小的个体养殖户，可于首次用苗前全群投药一个疗程后 20～30天注苗即可。对当年产的仔狐，分窝后 10～15 天，即可直接免疫。每年必须进行 2 次免疫，如果夏季不免疫造成免疫空档，至冬季再免疫也不能完全发挥疫苗的保护作用。

【治疗方法】

目前认为治疗狐狸阴道加德纳氏菌病的最有效药物是甲硝唑、替硝唑，因为阴道内多数厌氧菌对这类药敏感，使 pH 降低而抑制加德纳氏菌繁殖。一般 7 天一个疗程即可治愈。除此之外，该细菌对氨苄青霉素、氟苯尼考也非常敏感，投药 10～15 天后基本可治愈。

八、狐化脓性子宫内膜炎

狐化脓性子宫内膜炎（purulence endometritis，PE）是由绿脓杆菌感染引起的传染病，以化脓性子宫内膜炎、败血症为主要特征，该病主要在配种期感染发病。

【病原学】

狐化脓性子宫内膜炎的主要病原为绿脓杆菌，常常伴有其他细菌的混合感染，如大肠杆菌、金黄色葡萄球菌、化脓性棒状杆菌、变性杆菌和沙门氏菌。在混合感染的病例中，仍然以绿脓杆菌为优势菌群。

绿脓杆菌又称铜绿假单胞菌，在自然界分布广泛，为土壤中存在的最常见的细菌之一，各种水、空气、正常人的皮肤、呼吸道和肠道等都有本菌存在。绿脓杆菌是一种常见的条件致病菌，属于非发酵革兰氏阴性杆菌。菌体细长且长短不一，有时呈球杆状或线状，成对或短链状排列。菌体的一端有单鞭毛，在暗视野显微镜或相差显微镜下观察可见细菌运动活泼。作为一种专性需氧菌，该菌生长温度范围 $25 \sim 42℃$，最适生长温度为 $25 \sim 30℃$，特别是该菌在 $4℃$ 不生长而在 $42℃$ 可以生长的特点可用以鉴别。在普通培养基上可以生存并能产生水溶性的色素，如绿脓素与带荧光的水溶性荧光素等；在血平板上会有透明溶血环。

【发病特点】

该病最初发生流行主要是由人工授精导致的机械性损伤和精液污染等造成，以后在自然交配的狐中也开始流行。主要发病原因有：采精时污染，如阴茎不消毒、下腹部和阴部周围的毛未用消毒液浸湿；精液稀释过程中污染，如不具备无菌环境，在未经消毒的房间内操作，甚至是在地面和操作台有较多尘土的条件下稀释精液；器具消毒方法不当或消毒温度偏低；不消毒母狐的外阴部或消毒不彻底；操作技术不当造成的子宫黏膜损伤。

【临床症状】

该病以人工输精后外阴部流脓性分泌物为临床特点，不仅造成了繁殖失败，还能造成感染母狐的死亡。感染狐出现高热、食欲废绝等症状。母狐配种后7～25天出现症状，体温升高，食欲减退甚至废绝，阴门处流出灰白色或灰绿色脓样渗出物，狐狸尿频，尿中带血。

【病理变化】

子宫变粗（图2-30），子宫壁增厚、出血（图2-31），切开子宫体，有大量脓液流出，子宫黏膜红肿。

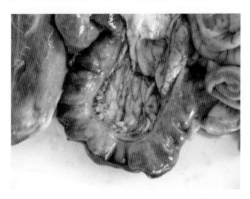

图2-30　子宫变粗

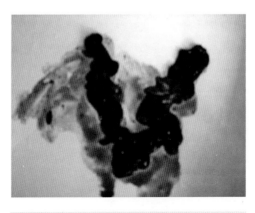

图2-31　子宫壁增厚、出血

【诊断要点】

可根据临床症状、剖检变化来对该病进行初步诊断，想要确诊还需要通过实验室诊断。主要有以下几种手段：

1）细菌培养：无菌条件下采取肝脏、子宫黏膜和子宫内容物于37℃培养24h。在普通琼脂培养基上形成光滑、微隆起、边缘整齐波状的中等大菌落，由于产生水溶性的绿脓素和荧光素，故能渗入培养基内，使培养基变为黄绿色；在普通肉汤培养基上使肉汤均匀混浊，呈黄绿色，液体上部的细菌发育更为旺盛，于培养基的表面形成一层很厚的菌膜；在血液琼脂培养基上菌落周围出现溶血环。革兰氏染色镜检可见到阴性杆菌（图2-32）。

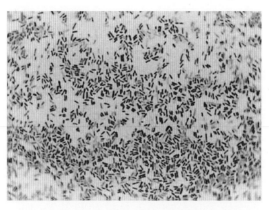

图2-32　革兰氏染色镜检阴性杆菌

2）生化试验：该细菌分解蛋白质的能力很强，而发酵糖类能力较低，分解葡萄糖、伯胶糖、单奶糖、甘露糖时产酸不产气，不分解麦芽糖、菊糖、棉籽糖、甘露醇、乳糖及蔗糖，能液化明胶。分解尿素，不形成吲哚，氧化酶试验呈阳性，可利用枸橼酸盐，不产生硫化氢；甲基红试验和乙酰甲基甲醇试验均为阴性。

3）鉴别诊断：该病应与阴道加德纳氏菌病相区别，阴道加德纳氏菌病一般不会出现高热，阴门处仅能见到极少量的渗出物，主要发生在母狐狸妊娠后 20～45 天，常能见到胎儿，流产后母狐狸仅出现 2～3 天的食欲减退，很少出现死亡，而化脓性子宫内膜炎则因败血症发生死亡。

4）药敏试验：该菌对硫酸庆大霉素、环丙沙星、恩诺沙星敏感，对青霉素、阿莫西林、氟苯尼考不敏感。

【防控措施】

搞好饲养管理，改善养殖场的卫生条件，及时清除小室内和笼网上的积粪。配种前 30～40 天，全群投喂抗生素 3～4 天消灭体内病原菌，1 周后给种狐注射绿脓杆菌多价疫苗进行预防；人工授精后可用广谱抗生素清除阴道和子宫内细菌。规范操作人工授精是预防子宫内膜炎的重要环节，必须注意以下事项：

1）采精和输精过程中一定要注意操作者的手和公、母狐外阴部的灭菌消毒。

2）稀释液一定要无菌，且稀释精液时，要在无菌条件下进行，要从源头上控制污染。

3）输精用的器材要严格消毒，煮沸或高压消毒 30min 以上，玻璃器皿在干热 120℃以上处理 90～120min。

4）输精室内要保持清洁，有良好的卫生环境，不能有灰尘和异味。

5）输精时要保定确切，操作要仔细认真，操作熟练、快而准，防止输精器损伤阴道或子宫颈口黏膜造成机械性创伤而导致该病的发生。

【治疗方法】

对化脓性子宫内膜炎治疗的原则是：抗菌消炎，促进子宫内脏性物排出。其中庆大霉素是首选药物，使用时肌内注射，每次8万单位，每日2次。由于该病常混杂有其他细菌的感染，所以在使用庆大霉素治疗的同时，同时注射氨苄青霉素效果更佳。为促进子宫内脓性物的排出，每天可以注射小剂量的垂体后叶素，并加以0.1%的高锰酸钾溶液冲洗阴道。

九、附红细胞体病

附红细胞体病（eperythrozoonosis）是由附红细胞体（eperythrozoon）附着在红细胞表面和游离于血浆中引起的各种动物热性、溶血性疾病一种人兽共患传染病。

【病原及流行病学】

根据附红细胞体生物学特点将其列入立克次体目、无浆体科、附红细胞体属，其形态呈环状、哑铃状、S形、卵圆形、逗点形或杆状。大小介于0.1~2.6μm之间，无细胞壁，无明显的细胞核、细胞器，无鞭毛，属原核生物，2800倍显微镜下，可见分布不均的类核糖体，外有一层胞膜，下有微管（透视镜下）。附红细胞体的增殖方式有二分裂法、出芽和裂殖法，一般认为增殖发生在骨髓部位，常单独或呈链状附着于红细胞表面，也可游离于血浆中。附红细胞体在发育过程中，形状和大小常发生变化，可能也与动物种类、动物抵抗力等因素有关。对干燥和化学药品的抵抗力很低，但耐低温，在5℃时可保存15天，在冰冻凝固的血液中可存活31天，在加15%甘油的血液中于-79℃条件下可保存80天，冻干保存可存活765天。一般常用消毒剂均能杀死病原，如0.5%的石炭酸（苯酚）于37℃3h就可将其杀死。该病可通过吸血昆虫（蚊、螨、蝇、虻、虱、蚤）叮咬、针头注射等由血液直接传播。

狐附红细胞体多为隐性感染，并不引起发病，应激是导致该病暴发的主要因素，如气候骤变、温差变化较大、多雨等应激因素能造成动物机体抵抗力下降,致使处于隐性感染状态的狐狸体内附红细胞体大量繁殖导致发病。狐狸附红细胞体主要多以节肢动物为传染媒介,因此,在夏季对狐舍做好环境消毒的同时,还要驱杀蚊蝇、疥螨、虱等吸血昆虫,以预防附红细胞体病的发生。

【临床症状】

急性病例发病前食欲、饮水及精神状态均正常,但突然倒地,抽搐、口吐白沫,迅速死亡。病程稍长的病例,初期体温升高,可达41~42℃,眼结膜潮红,逐渐苍白、黄染;精神沉郁,食欲减弱,粪干、色黑,外表有少量黏液附着,渴欲增加;呼吸困难,鼻孔流出泡沫样血液,全身间歇性抽搐,流产。发病中期,病狐体温39.5℃~40.5℃,结膜苍白、黄染,尿暗红色,心肌苍白、松软,心包积有浅黄色或浅红色液体(图2-33),精神高度沉郁,卧地不起,食欲废绝,粪稀、色黑,呼吸促迫,心跳加快。可致母狐不发情,不孕,怀孕母狐出现流产、死胎、早产;公狐无精,或精子畸形。

图2-33 附红细胞体导致的出血、积液

【病理变化】

1）急性死亡：死狐膘情中上等，皮下、肌肉色泽正常，血液黏稠，胸、腹腔液量及色泽正常，肝、脾、肾脏稍肿大、红润、质地有弹性，淋巴结髓样肿大，心外膜冠状沟脂肪正常，心外膜针尖大出血点多个，左心室心内膜多处出血斑，肺脏水肿，有多处出血斑。

2）慢性死亡：发病动物形体消瘦，眼凹陷，胸、腹腔液体增多、浅黄色苍白、黄染；血液稀薄、色浅且不易凝固；皮下脂肪、肠系膜黄染；肺脏瘀血、出血，呈现紫黑色，心内膜有条状出血；肝脏肿大，质脆，表面呈黄白色条纹，有散在黄白色、粟粒大坏死斑点；淋巴结髓样肿大；胆囊充盈，充满黏稠胆汁；肺表面凹凸不平、气肿、水肿；肾脏肿大、贫血、土黄色，有米粒大黄白色坏死灶；膀胱内膜、膈肌、腹膜有条状出血；脑部血管充血、瘀血，脑实质有针尖大小的出血点。

【诊断要点】

根据毛皮动物出现发热、黄尿、贫血、后肢瘫软无力等症状可做出初步诊断；如需进行确诊，可通过实验室诊断来实现。主要有以下几种诊断方法：

1）血液悬液检查：采病狐前臂静脉血滴于载玻片上，加等量生理盐水，混匀，加盖玻璃片，在显微镜下观察，可见红细胞表面附着有球形、椭圆形、豆点状及颗粒状的小虫体（附红细胞体）（图2-34），并不停地做扭转、翻转运动。随着附红细胞体的活动，红细胞的形态也发生变形，呈上下震颤或左右摆动，使红细胞呈齿轮状、三角形、椭圆形等不规则的形状。

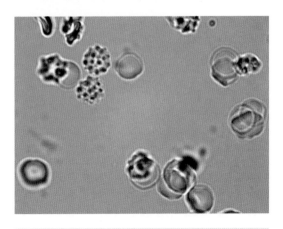

图 2-34　红细胞表面附着的附红细胞体

2）血涂片染色检查：静脉采血涂片，进行姬姆萨染色，显微镜下观察，见病原体被染成浅紫红色，血浆中也存在游离的病原体，呈不规则圆形、卵圆形、顿点形或环形虫体。

3）吖啶橙染色：

① 吖啶橙染色液的配制：将 0.01g 吖啶橙溶于 100mL Tris-HCl缓冲液中（0.05mol/L，pH 为 7.5）。

② 染色方法：将涂有标本的玻片用甲醇固定，待甲醇挥发干净后将玻片置湿盒内，加适量吖啶橙染液，37℃下静止 100min。用 pH 为 7.4 的磷酸盐缓冲液（PBS）轻轻冲洗，溶液分色 2min，再用 PBS 洗涤 2 次，荧光显微镜下观察，可见红细胞为暗绿色，附红细胞体为发明亮荧光的绿色小体（图 2-35）。

【防控措施】

对该病的防控应着重在做好笼舍的卫生、消毒工作及预防性保健药物上，主要可以采用以下措施：

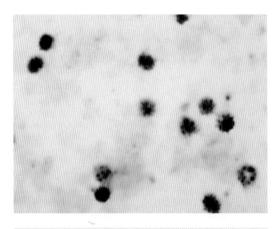

图 2-35　吖啶橙染色

1）对狐群用强力霉素，每千克饲料添加0.2～0.3g，再加维生素 C 0.2～0.3g 混饲，连用 7 天。

2）发病狐用血虫净（贝尼尔，用生理盐水稀释为10%），按每千克体重 3～5mg 深部肌内注射，间隔48h 再注射 1 次；同时按每千克体重 0.1mL 肌内注射柴胡注射液，连用 3 天。

3）对场地、狐舍，用蓝光消毒剂稀释喷洒消毒，每日1 次。

4）做好场内灭鼠、灭蚊蝇等工作，使用鸡、猪、牛及其他动物副产品做饲料时必须熟制，以达到防控的目的。

【治疗方法】

可用附红康0.1mL/kg 体重，隔日 1 次，连用 3 次；通灭（伊维菌素）0.15mL/kg 体重，隔 5 日 1 次，连用 3 次；盐酸四环素可溶性粉，50kg 饲料中加 30g，连服 10 天；盐酸土霉素原粉，50kg 饲料加 40～50g，连服 10 天。重症病狐可注射ATP 以补充能量，增加抵抗力。

十、钩端螺旋体病

钩端螺旋体病是由钩端螺旋体引起的一种人兽共患传染病，属自然疫源性疾病。毛皮动物临床上主要表现短期发热、黄疸、血红蛋白尿、出血性素质、妊娠母兽流产、空怀等，此病潜伏期短，发病快，治愈率低、死亡率高，对毛皮动物危害极大，也可传染到人。

【病原及流行病学】

钩端螺旋体属于螺旋体目、密螺旋体科、钩端螺旋体属，是一种纤细的螺旋状微生物，菌体有紧密规则的螺旋，长 4 ~ 20μm，宽约 0.2μm。菌体的一端或两端弯曲呈钩状，沿中轴旋转运动，旋转时，两端较柔软，中段较僵硬。

钩端螺旋体对热、酸、干燥和一般消毒剂都敏感。在人的胃液中 30min 内可死亡；在胆汁中迅速被破坏，以致完全溶解；在碱性水中（pH 7.2 ~ 7.4）能生存 1 ~ 2 个月，在碱性尿中可生存 24h，但在酸性尿中则迅速死亡。

50 ~ 56℃ 30min 或 60℃ 10min 均能致死，但对低温有较强的抵抗力，经反复冰冻溶解后仍能存活。钩端螺旋体对干燥非常敏感，在干燥环境下，数分钟即可死亡。常用的消毒剂如 0.05‰来苏儿溶液、0.1% 石炭酸、1% 漂白粉液均能在 10 ~ 30min 内杀死钩端螺旋体。

该病一年四季均可发生，但夏、秋两季多发，鼠类是主要传染源，可通过被鼠粪、尿液污染的饲料、饮水经口感染，也可经过黏膜创伤感染。

【临床症状】

自然感染病例潜伏期 2 ~ 12 天，人工感染的不超过 4 天。潜伏期的长短取决于动物的全身状况。病兽突然拒食、呕吐、下泻，精神沉郁，心跳加快，脉搏105～130次/min，呼吸70～80次/min，在发病初期病兽体温升高至39.0～40.5℃，口吐泡沫，长久躺卧，消瘦，行走缓慢，并出现黄疸；在口腔黏膜、齿龈及口盖部有坏死区和溃疡，有时舌也出现坏死和溃疡；常发生肛门括约肌松弛。出现黄疸后，病兽体温下降至36.5～37.5℃或以下，排尿频繁，尿色黄红，仅有少数病例尿色暗红，黄疸不显著或不显黄疸症状。濒死期伴发背、颈和四肢肌肉痉挛，流涎，口唇周围有泡沫样液体。病程持续5～7天，很少康复，常因窒息而死亡。

【病理变化】

急性病例尸体营养良好，病程较长者尸体消瘦。尸僵显著，可视黏膜、皮下组织、脂肪组织常被染成黄色；骨骼肌松弛、多汁，有斑点，呈暗红色或苍白、黄色；胸膜、腹膜、网膜、肠系膜被染成不同程度的黄色，咽喉及咽头黏膜被染成黄白色，有时可以看到扁桃体增大、充血；胃黏膜局限性充血、肿胀，有单个或数个连在一起的出血点或出血斑。

该病持续时间不同，特别显著的变化见于肝脏，大多数病例肝脏体积增大，肝脏呈褐色、土黄色或橘黄色，在肝包膜下有出血点或斑块状出血（图2-36），并有灰黄色坏死灶；肝组织松软、易碎裂，胆囊增大，被膜易剥离，组织见退行性变化，呈浅灰红色、土红色、暗红褐色（图2-37、图2-38）；在皮质内有局灶性出血，切面湿润，组织松软、易碎，皮质和髓质界限不清，髓质呈浅褐红色；膀胱空虚，黏膜苍白，有出血点；脾脏不增大，呈暗红色或红色，脾髓内有大小不同的出血区；淋巴结显著增大，触之柔软，呈灰黄乃至浅黄色；甲状腺增大，有点状出血、肿胀；实质和小叶间组织伴有明显的水肿，肺泡和支气管腔内有浆液性渗出物，肺出血性浸润；心肌硬固，心外膜和心内膜有带状出血，心室内有块状不凝固的血液。脑血管充血，脑组织水肿。慢性病例尸体高度消瘦，明显贫血，有的呈轻度黄疸。

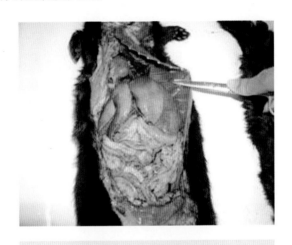

图2-36 肝脏呈橘黄色，在肝包膜下有出血点或斑块状出血

图2-37 皮下组织、脂肪组织常被染成黄色

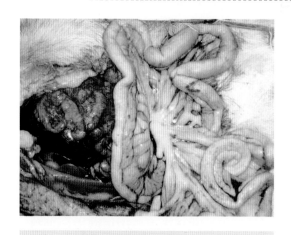

图 2-38 胸膜、腹膜、网膜、
肠系膜被染成不同程度的黄色

【诊断要点】

钩端螺旋体病临床症状复杂、多样，早期容易误诊。因此，实验室诊断在防治工作中极为重要。近年来的检测方法主要有病原学、血清学和分子生物学方法，但有效、恰当的实验室支持仍旧是一个问题。

1）病原学诊断：确证根据是直接找到病原体，简单但检出率低，费力耗时，其方法主要包括暗视野镜检（DGM）、染色法及培养法。

2）血清学试验：常用的血清学方法有显微镜凝集试验（MAT）、酶联免疫吸附试验、玻片凝集试验（SAT）等。钩端螺旋体病的决定性血清学检查依旧是显微镜凝集试验。酶联免疫吸附试验在该病的免疫诊断方面已得到较广泛的应用，它是一种特异性检验方法。与显微镜凝集试验相比，其敏感性更高，易于标准化，适于大批量标本的检测。采用特异的单克隆抗体 M898 建立竞争性酶联免疫吸附检测方法，有良好的灵敏度和特异性。

3）分子生物学方法：PCR 技术的 DNA 扩增技术已被引入钩端螺旋体病的诊断与流行病学的调查，能够提高检测的敏感性。

【防控措施】

1）在下雨过后，立即用强力霉素、阿莫西林、维生素 C、电解多维混合饲喂，可预防因潮湿天气引起的多种疾病。

2）防止鼠污染饲料和饮水，积极灭鼠，消灭传播途径。

3）严格把好饲料和饮水关，添加的肉类饲料应高温煮沸5min 以上，放凉后饲喂，不应饲喂生的肉类食物。

4）场内不能过于潮湿，应有良好的排水通道，做到雨水能及时排出场外，千万不能长时间积水。

5）做好消毒工作，应用含碘消毒药、双链季铵盐类消毒药、含醛类消毒药、甲酚皂等 3 种以上成分的消毒药交替使用，每周消毒 2 次，减少耐药菌株的出现。

6）粪便要做无害化处理。

【治疗方法】

1）对早期发病动物用青霉素、链霉素治疗，青霉素 40万国际单位/只，链霉素 10mg/kg 体重，肌内注射 2 次/天，再对症治疗，采取强心、安痛定（阿尼利定）退烧，地塞米松抗炎、抗过敏、口服补液盐、用维生素 C 增强机体抵抗力等综合性治疗措施。

2）对患病动物进行隔离，并对污染的环境用 5% 的来苏儿进行彻底消毒。

3）对未发病动物用强力霉素 10mg/kg 体重、阿莫西林15mg/kg 体重、维生素 C 0.1g/只、电解多维 5 ~ 7g/只混合，2 次/天，连用 5 ~ 7 天。

4）粪便用生石灰消毒。

十一、链球菌病

毛皮动物链球菌病（streptococcicosis）是由兽疫链球菌（*Streptococcus*）引起的多种动物的传染病，人也会感染，也是幼龄水貂、狐、貉等毛皮动物常见的败血性传染病。其临床特征表现多种多样，除能引起各种化脓性感染和败血症外，有的只发生局限感染。该病的分布很广，发病率及致死率很高，对养殖业危害也很大。

【病原及流行病学】

该病病原为 β 型溶血性链球菌，是家畜和动物常见的病原微生物，种类繁多，根据血清型分类，可将链球菌分为 20 个血清群，对人类有致病性的链球菌主要是 A 群，对动物有致病性的主要是 B、C、E 3 群。该菌多呈链状排列，链长短不一，短链以 2 ~ 3 个菌体排成 1 串，长者以 20 ~ 30 个菌连在一起，为革兰氏阳性菌。链球菌抵抗力不强，加热至 50℃ 30min 可被杀死，对青霉素、金霉素、四环素、磺胺类、恩诺沙星等抗菌药物都比较敏感，但有时产生抗药性。

链球菌广泛分布于水、空气、土壤及动物与人的肠道、呼吸道、泌尿生殖道中，常以共栖菌和致病菌的方式存在于健康动物中，一部分链球菌有益于动物体，而相当一部分有致病作用，其致病作用一般要在多种诱因作用下才能发生。毛皮动物多由饲喂污染 β 型溶血性链球菌的肉类饲料、饮水或病畜肉及其下脚料而感染。此外，也可通过污染的垫草、饲养用具而传播，一般经消化道、呼吸道及各种外伤而感染。幼兽可因断脐处理不当而引起脐带感染。患病和病死动物是主要传染源，无症状和病愈后的带菌动物也可排出病菌而成为传染源。

【临床症状】

毛皮动物自然感染该病的潜伏期为 6 ~ 15 天，临床表现呈多样化，出现急性败血症，头颈部形成脓肿，关节炎、肺炎、胸膜炎、子宫内膜炎、心内膜炎和乳腺炎，中枢神经系统受侵害而出现神经症状。病程有急性、亚急性和慢性经过，多以脓毒败血症致动物死亡而告终。

1）急性型：突然发病，病兽拒食，精神沉郁，步行缓慢，摇摆，在笼舍内徘徊，有时会出现呕吐，但很少发生下痢。常见兴奋性增高的病例，多数病例伴有痉挛、抽搐，有的突然倒地，呈强直性痉挛状，头向后仰，四肢伸展，持续发作 2 ~ 3min，逐渐转为正常，之后反复发作而死；有的貂死前口鼻流血或流红色泡沫状液体。病程多为数小时至 1 ~ 2 天，通常死于败血症。

2）亚急性型：各脏器发生转移性脓肿，动物体温升高，萎靡不振，拒食、心力衰竭，进行性消瘦，最后极度衰竭死亡，病程多在 5 ~ 10 天。

3）慢性型：病原常侵害动物四肢关节，多见于银黑狐仔兽。病初发生跛行，常为一个前肢或后肢，关节肿胀、疼痛，不久肿胀破溃，形成多个瘘管，排出脓性物，患肢不能负重，病兽体温升高，精神沉郁，食欲减退或废绝，明显消瘦，被毛蓬乱。如果治疗及时而恰当，饲养管理得好，病兽转归良好。

【病理变化】

最明显的病理变化是病兽各器官组织有大小不等的脓肿和出血（包括脑部）、卡他性肺炎和肠炎，慢性经过时机体消瘦、贫血、黏膜发绀。

急性病例可见卡他性肺炎，气管黏膜充血、出血，心血管充盈（图 2-39、图 2-40），心外膜有点状出血，消化道黏膜充血、出血，上皮细胞脱落，脾脏肿大，有出血点和梗死，肝脏肿大，充血，有散在坏死灶，肾脏肿大，有出血点和瘀血斑，有的有化脓性坏死灶。有的膀胱表现化脓性炎症，全身淋巴结肿大、出血，脑血管充血，流产的母兽呈现出血性子宫内膜炎。慢性病例可视黏膜苍白，关节内部、肺脏、胸膜、腹膜等都有化脓性渗出物，并在肺、肝、肾脏等器官出现转移性脓肿。

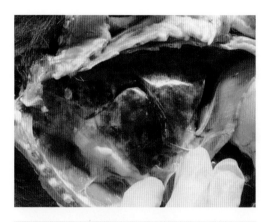

图 2-39 肺脏有大小不等的脓肿和出血

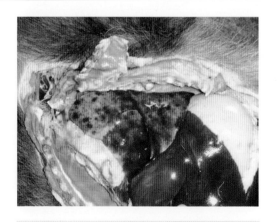

图 2-40 卡他性肺炎，气管黏膜充血

【诊断要点】

链球菌病在毛皮动物身上没有特征性变化，故难以根据临床症状和病理变化确诊，特别是对急性经过的病例，要确诊必须做微生物学试验。

1）涂片镜检：取患病动物的肝、脾、血液及关节囊液等涂片，染色、镜检，见有革兰氏染色阳性短链状球菌（图2-41），可初步确诊。

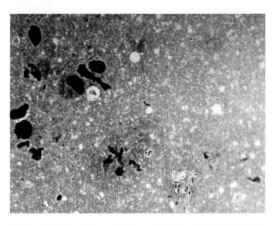

图2-41　链球菌涂片镜检

2）分离培养：在血液琼脂平板培养基上培养，细菌生长旺盛，菌落细小，有β溶血环，涂片镜检为革兰氏阳性链球菌（图2-42），必要时做进一步的培养特性和生化鉴定可确诊。

3）动物试验：用病料制成10%的悬液或一昼夜内的肉汤培养物，于小鼠皮下或腹腔注射0.1～0.2mL，经1～3天死亡，以此鉴定毒力，必要时进行血清型分群，分型鉴定。

链球菌病易与其他病混合或激发感染，使病情复杂化，故

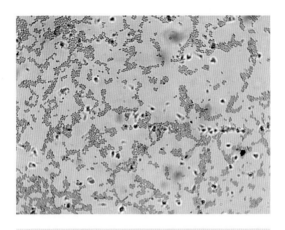

图 2-42 革兰氏阳性链球菌

诊断时应加以注意。

对发病动物可用 10 万国际单位青霉素或 50～100mg 红霉素肌内注射，也可口服磺胺类药物，一次量为 0.2～0.3g，每天 2 次。

【防控措施】

大群可以采取预防性投药，在饲料中加入预防量的土霉素粉或氟哌酸（诺氟沙星）等药物，也可以用增效磺胺（甲氧苄啶）。及时隔离病兽，对笼舍、食具进行消毒，清除小室内的垫草和粪便进行烧毁或发酵处理。

加强对饲料的管理，防蝇、防鼠，对来源不清或污染的饲料要经高温处理（煮沸）再喂动物。有化脓性病变的动物内脏或肉类应废弃不用。来源于污染地区的垫草不用。有芒或有硬刺的垫草最好也不用，以免刺伤动物，增加感染机会。当发生此病时，对兽群要详细检查，对病兽和可疑病兽要隔离观察和治疗，对污染的场所和用具要彻底消毒。

【治疗方法】

青霉素、磺胺类药物对治疗链球菌病有良好的效果。每只病貂每次肌内注射10万~20万单位的青霉素，每日3次，或用拜有利注射液每千克体重肌内注射0.05mL，每日1次。为了促进食欲，每日注射复合维生素B注射液或维生素B₁注射液0.5~1mL，狐、貉肌内注射1~2mL。

十二、水貂肉毒梭菌中毒

水貂肉毒梭菌中毒是由于食入了含有肉毒梭菌毒素的动物性饲料所引起的一种急性中毒病，该病呈现以运动中枢神经麻痹及延脑麻痹为特征的症状，若不及时地采取治疗措施，易引发患病动物的大批死亡。

【病原及流行病学】

肉毒梭菌又名腊肠中毒杆菌，梭状芽孢杆菌属，是一种能够产生芽孢的革兰氏阳性大杆菌。肉毒梭菌为专性厌氧菌，平均长4.0~6.0μm，宽0.5~1.2μm，单个或成短链排列，运动性较强，顶端芽孢呈网球拍状，能分解蛋白质，并能在繁殖过程中产生6种外毒素，毒力相当，但抗原性不同，同毒素只能用同血清型中和。肉毒梭菌主要依靠其强烈的外毒素致病，引起人和肉食动物中毒的多为C型。据报道，肉毒毒素是已知最强烈的毒素，毒性比氰化钾强104倍，并具有较强的抵抗力，耐受低温和高温，当温度达到105℃时，经1h才能被破坏。其对酸的抵抗力特别强，胃酸溶液24h内不能将其破坏，故可被胃肠道吸收。肉毒杆菌的芽孢也具有很强的抵抗力，干热180℃5~15min、湿热100℃5h、高压蒸汽121℃30min才能被杀死。该病的潜伏期为4~20天，患病动物多数突然发病，迅速死亡。

水貂肉毒梭菌中毒主要发生在气温较高的夏季，但并无明显的季节性，其传染源主要是被该菌污染的饲料，水貂吃了含有肉毒梭菌及其毒素的饲料就会发生中毒现象。然而含有毒素的饲料在外观上并无明显变化，不易被发现。这种被污染的饲料即使被存放于低温冷库中也不能破坏其中的毒素，后期饲喂的时候仍然会引起中毒。因此，该病发病无明显的季节性，也不分年龄、性别，均易感。

【临床症状】

该病潜伏期一般在2h至1天或几天。发病时间与采食的有毒物质的量有关，采食得越多，发病越早，症状也越重。

1）急性型：未见任何症状即突然死亡，死前呈阵发性抽搐。

2）亚急性：卧于笼内不起，痉挛抽搐。触诊时，无任何反射动作，死前全身麻痹，昏迷。

3）慢性型：病貂表现为精神萎靡不振，结膜发绀，四肢无力，运动不灵活，躺卧，不能站立，肌肉进行性麻痹，常由后躯向前躯进行性发展（图2-43），对称性麻痹，反射机能降低，肌肉紧张度降低，出现共济失调或全瘫，体温不高。随病

图2-43　肌肉进行性麻痹，常由后躯向前躯进行性发展

程发展，病貂呼吸困难，流涎或口吐白沫，下颌下垂，吞咽困难，瞳孔散大，视觉、呼吸障碍，大小便失禁，出现血便、血尿，最后昏迷或窒息死亡。少数病例可看到呕吐、下痢，有的出现咀嚼吞咽障碍，常见病貂流涎或口吐白沫，濒死期出现鸣叫（图2-44），眼球突出，于昏睡中死亡。

图2-44 病貂流涎或口吐白沫，濒死期出现鸣叫

【病理变化】

死亡貂尸身营养状况良好，咽喉和会厌表面覆盖黄色麸皮样物，黏膜有点状出血；肺部充血水肿，局部瘀血坏死；肝脏有不同程度的弥漫性出血，边缘变薄；肾脏颜色变暗，表面有大小不等的灰白色坏死灶，被膜易剥离，皮质部有点状出血；脾脏肿大，边缘有黑色坏死点；胃肠黏膜，发生卡他性炎症病变；脑膜轻微水肿；心脏扩张，心包积液；膀胱内有尿液潴留，色泽偏黄；机体各处淋巴结质软，有轻微充血，未见明显的病理性变化。

【诊断要点】

1）细菌分离培养：取水貂吃剩的饲料及胃内容物，用灭菌的缓冲液稀释,平均分为2份。一份不加任何处理,另一份90℃加热30min以杀死细菌而非芽孢。待处理过的样品冷却至室温后,将两份样品同时接种于已制备好的庖肉培养基,经12h后观察,石蜡冲起,肉渣变黑腐败恶臭。培养5天后挑取具有典型特点的菌落接种于卵黄琼脂平板,进行分离纯化,35℃厌氧培养48h,挑取48h培养后的单菌落进行涂片镜检,观察并记录菌落形态等。卵黄琼脂平板上生长出的菌落具有典型的形态特点,其菌落及周围培养基表面覆盖着特有的虹彩样(或珍珠层样)薄层。挑取厌氧培养48h后的典型单菌落染色镜检,可见革兰氏阳性大杆菌,两端钝圆,芽孢位于菌体近端呈网球拍状,带芽孢的菌体呈半透明状,单个或成短链排列存在。

2)生化反应:取分离纯化后的培养物进行明胶穿刺培养,同时使用葡萄糖、甘露醇、麦芽糖、乳糖、蔗糖生化管进行生化实验,细菌能沿穿刺线生长,培养基出现液化,产气,可证明为肉毒梭菌。

3)药敏试验:将纯化的菌落接种于普通肉汤培养基,37℃厌氧培养12h。用灭菌的棉棒蘸取肉汤培养物在普通琼脂平板上涂抹,之后将药敏纸片贴在培养基的表面,37℃厌氧培养24h。肉毒梭菌对新霉素、头孢曲松、头孢噻呋高敏,对氨苄青霉素敏感。

【防控措施】

该病发病较快,常来不及治疗,所以应以预防为主,可通过接种肉毒梭菌C型疫苗进行预防。平时注意动物的饲料及饮水卫生,防止饲料和饮水被肉毒梭菌毒素污染。鱼、肉类饲料应保持新鲜,做到速冻、速融、速加工,防止污染或长期堆放而腐败,严格禁止生喂,对于新引进的饲料原料,应小区域预添加确保饲喂安全后再进行全群添加。也要注意保鲜剂的添加，保鲜剂在维持动物性饲料新鲜度的同时，也为可能存在的病原菌提供了良好的生存、繁殖环境。加工饲料的用具应经常消毒。

【治疗方法】

当发生该病时，应立即停止饲喂可疑饲料，对病程较轻的病例，可用10%葡萄糖5mL、维生素C 2mL、复合维生素B 2mL，皮下注射，同时肌内注射青霉素20万单位。有神经症状的，可用水和氯醛进行治疗，缓解神经症状；也可应用多价抗毒素治疗肉毒梭菌中毒。

十三、水貂克伯雷氏菌病

水貂克伯雷氏菌病是由肺炎克雷伯氏菌（*Klebsiella peneumoniae*）引起的以水貂肺炎、子宫内膜炎、乳腺炎及脓肿、疏松结缔组织炎、后肢麻痹和脓毒败血症为特征的传染病。在正常情况下带菌动物不发病，但当机体抵抗力下降或肺炎克雷伯氏菌大量增殖时，就会引起动物发病甚至暴发性流行。随着我国特种经济动物养殖业的迅猛发展，该病对毛皮动物的危害日益严重，同时对人类的危害也日益加剧，曾多次报道该病在人和动物中的发生和流行，且已被日益关注。

【病原及流行病学】

水貂克雷伯氏菌病的病原一种是肺炎克雷伯氏杆菌，一种是臭鼻克雷伯氏杆菌。肺炎克雷伯氏杆菌既是一种可以引起多种动物患病的条件性致病菌，又是一种人兽共患病病原。克雷伯氏菌属肠杆菌科，菌体短粗，呈卵圆形，有菌毛，无芽孢，革兰氏染色阴性，常呈两极着色。

该菌普遍存在于自然界中，如水、土壤、空气及饲喂的食物中，为条件性病原菌，寄生于动物呼吸道与肠道。水貂克雷伯氏菌病主要通过食入被污染的饲料感染，也可通过患病动物的粪便和被污染的饮水传播，主要是哺乳仔貂和育成貂感染。

【临床症状】

病貂精神沉郁，食欲减退，被毛逆乱，体温升高、结膜苍白、呼吸浅速、偶尔咳嗽、鼻腔有分泌物，多在喉部出现蜂窝织炎，在颈部、肩部出现小脓疱，破溃后流出黏稠浓汁，后期步态不稳，后肢麻痹，2～3天死亡。也有的突然发病，呼吸困难，很快死亡，死亡水貂鼻腔流出血沫。

【病理变化】

病貂体表有脓疱，颈部颌下肿大，切开有脓汁流出；上呼吸道黏膜水肿；肺脏肿胀，有明显出血斑，并伴有坏死灶、钙化灶，肺脏组织支气管呈慢性炎性改变，肺间质血管扩大、瘀血（图2-45），部分肺细胞间质塌陷；间质及肺泡腔内有出血。少许肺泡融合，少许肺泡腔内可见蛋白样物质渗出；肺泡壁显示不清，呈突变性，仅见散在不规则腔隙，突变的肺脏组织有散在慢性炎性细胞和大量红细胞瘀血性改变（图2-46）。

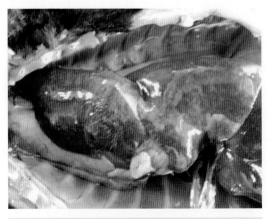

图2-45 肺间质血管扩大、瘀血

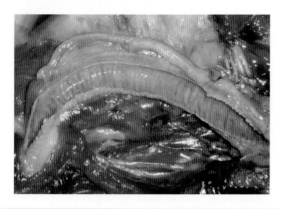

图 2-46　肺脏组织支气管呈慢性炎性改变，伴随出血斑

肝脏肿大，有出血点，质脆，切面有多量凝固不全、暗褐红色的血液流出，切面外翻；胆囊充盈，脾脏肿大，有出血点；胃出血，肠系膜淋巴结肿大出血，十二指肠黏膜有点状出血，膀胱出血，膀胱黏膜增厚。母兽子宫壁增厚，子宫黏膜有出血斑等。

【诊断要点】

根据流行病学和临床症状可做出初步诊断，为进一步诊断，可将送实验室进行检测。

1）镜检：无菌条件下取新鲜病死水貂肺脏涂片，革兰氏染色呈阴性杆菌，短粗，成双或短链排列（图 2-47），亚甲蓝染色呈现肥厚的荚膜，伊红美蓝培养基可见灰白色带有浅蓝色的黏稠菌落。

2）细菌分离培养：用接种环无菌蘸取病死水貂肺脏新鲜切面，划线接种于普通营养培养基平板，37℃培养24h，在普通培养基上形成较大的灰白湿润的大菌落，丰厚黏稠，菌落突起，连接成片（图 2-48），用接种环挑该菌落，易拉成丝。

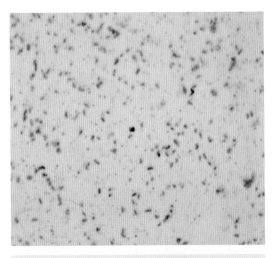

图2-47　革兰氏阴性杆菌

图2-48　普通培养基上灰白湿润的大菌落

3）生化鉴定：肺炎克雷伯氏菌的吲哚、甲基红、鸟氨酸脱羧酶试验为阴性，乙酰甲基甲醇、柠檬酸盐、丙二酸钠、尿素酶、赖氨酸脱羧酶、β-半乳糖苷酶（ONPG）试验为阳性。

4）16SrRNA 基因序列扩增：提取分离菌的基因组，对其 16SrRNA 序列进行扩增，将得到产物进行测序，并将序列进行比对，以确定细菌的类型。

【防控措施】

水貂克伯雷氏菌病多因饲料感染，也可通过患病水貂的粪便和被污染的饮水传播。因此，预防该病的发生主要是把好饲料关，加强对环境的消毒，保持清洁卫生。养殖场内禁止养鸡，彻底清理粪便，并用含碘类消毒剂带畜消毒，每天 1 次。

保证饲料质量，使用鸡肠等下脚料必须全部煮熟。全群饲料添加恩诺沙星 10mg/kg 体重。饮水中添加葡萄糖、维生素 C、电解多维等增强机体抵抗力。

【治疗方法】

当养殖场发生水貂克伯雷氏菌病时，应立即将病貂与貂群隔离，对体表脓肿进行切除，排出脓汁，用 3% 的双氧水洗涤创伤组织，最后撒布磺胺粉末。大多数肺炎杆菌对庆大霉素等氨基糖苷类抗生素、头孢菌素类（如头孢唑啉和头孢呋辛）、氧哌嗪青霉素（哌拉西林）较敏感，氯霉素及多黏菌素也有一定疗效。

👉 十四、魏氏梭菌病 👈

毛皮动物魏氏梭菌病（clostridieum welchii disease，CWD）又称产气荚膜杆菌病、肠毒血症，是多种毛皮动物及家畜较易感染的一种病程短、死亡率高的急性食源性传染病。该病特征表现为全身毒血症、剧烈腹泻、软肾、肠道重度出血等。毛皮动物以水貂、狐、海狸鼠等发病较常见，貉感染魏氏梭菌病例较少。

【病原及流行病学】

魏氏梭菌为梭状芽胞杆菌属（*Clostridium prazmowski*），也

称产气荚膜梭菌（C. perfringens），为革兰氏阳性菌，两端钝圆，无鞭毛，有荚膜，单个或成对存在，厌氧菌，是不运动的大杆菌。在动物机体中形成荚膜是本菌的特征。

魏氏梭菌为条件性致病菌，在自然界中广泛存在，多见于饲料、食物、土壤等中，也存在于污水中，在人、畜肠道及粪便中也可检查到。魏氏梭菌是一种人兽共患病原菌，能产生多种外毒素，又有多种侵袭性酶，并有荚膜，构成其强大的侵袭力，引起感染致病。外毒素有 α、β、γ、δ、ε、η、θ、ι、κ、λ、μ、υ 12 种，以及具有毒性作用的多种酶，如卵磷脂酶、纤维蛋白酶、透明质酸酶、胶原酶和 DNA 酶等，构成强大的侵袭力。根据魏氏梭菌所产生的毒素种类不同，将其分为五个型，分别为 A、B、C、D、E 型菌。

魏氏梭菌病的病程散发或地方性流行，一年四季均可发生，但多在夏、秋季流行，尤其在气候变化异常、阴雨潮湿的条件下流行，且各种动物不分年龄品种均可发病，发病急、病程短、无任何前期症状而突然死亡，而且死亡率高。该病流行初期，个别散发流行，出现死亡；病原菌随着粪便排出体外，毒力不断增强，传染不断扩散，在 1~2 个月或更短的时间内罹患大批动物。双层笼饲养或一笼多只饲养而且卫生条件不好的能促进该病的发生和发展。潜伏期和患病动物是主要传染源，在幼兽中多发。

【临床症状】

魏氏梭菌病的病程极短，潜伏期 12~24h，流行初期一般无任何临床症状而突然死亡。发病动物表现为突然发病，精神不振，食欲不振或完全废绝，腹痛，全身肌肉震颤，很少活动，久卧于小室内，步履蹒跚，呕吐。发病后一般在几分钟、几十分钟或几小时内死亡。死前突然倒地，四肢划动如游泳状，抽搐、转圈，有的尖叫，很快死亡，口流白沫或红色泡沫，死后腹部鼓胀明显。有的生前表现为精神高度紧张，头颈伸长，张口呼吸，空嚼流涎，乱冲乱撞，病程稍长者食欲减少，废绝，精神沉郁。可见腹泻，并排稀便，病情轻者粪便呈绿色含少量血液，病情重者排浅红色血样粪便，并有特殊恶臭味，肠道肿胀充血，类似血肠样病变（图2-49），污染肛门周围、后肢、尾部皮毛。发病后期出现严重脱水，肢体不完全麻痹，甚至痉挛，死亡率约90％。

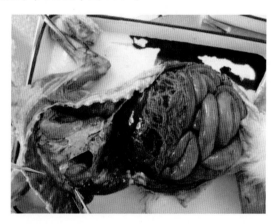

图 2-49 肠毒血症，肠黏膜弥漫性出血和充血

【病理变化】

皮下组织水肿，胸腔内混有血样的渗出液，膈和胸膜有出血点或出血斑。甲状腺增大，有点状出血，肝脏肿大，呈黄褐色或土黄色，有斑点。肾脏瘀血、出血，有的肾脏表面不光滑，质地糜烂，发软，切开见皮质与髓质部有出血、边界不清，且切面多汁，膀胱多有茶色尿液。脾脏肿大有出血斑和出血点。肺部有出血斑，个别胸腔内有血凝块，气管环状充血，气管或支气管中带有白色或红色泡沫。胃黏膜肿胀、充血，幽门部有小溃疡灶，黏膜下有出血；肠系膜淋巴结增大，切面多

汁，有出血点。肠黏膜弥漫性出血和充血，肠壁薄而透明，肠内充满气体（图2-50），肠内容物充满紫黑色血液。心肌表面血管充血、出血，心包积液。北极狐在皮下组织内、胃黏膜和小肠黏膜上有出血斑或带状出血。

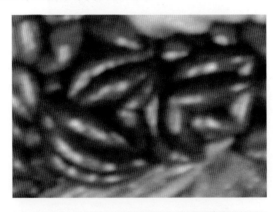

图2-50 肠道内充满气体，外观似血肠样

【诊断要点】

根据流行病学、临床症状和剖检变化可做出初步诊断，最后确诊依赖于实验室检验。

1）涂片镜检：无菌条件下采取病死貉肝脏、脾脏、肺脏、血液及肠内容物等病料分别直接涂片，经革兰氏染色，均可见革兰氏阳性的大杆菌。

2）分离培养：将一小块肝脏病料接种于厌气肉肝汤中，37℃培养5h后，肉汤混浊并产生大量气泡（图2-51），并经过几代移植培养后获得纯培养物；将一小块肺脏病料直接在血清葡萄糖琼脂平板上划线接种，培养基上长出中央隆起的大菌落，菌落边缘呈锯齿状，表面有放射状条纹。挑取典型菌落镜检，仍可见革兰氏阳性的大杆菌（图2-52）。

图 2-51 细菌纯培养后产气，肉汤混浊并产生大量气泡

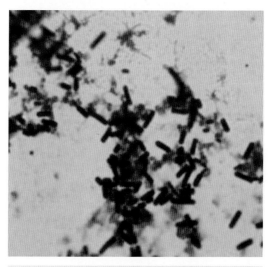

图 2-52 革兰氏阳性的大杆菌

3）动物试验：将液体纯培养物接种 5 只健康小鼠，腹腔注射 0.5mL，感染后 48h 内小鼠陆续死亡，剖检可见横膈、胸膜上有点状或条状出血，胸腔及腹腔中有浆液性、出血性渗出物，肺充血，肝脏肿大，胃肠道黏膜出血。分别取其脏器涂片和细菌分离培养，结果仍分别为革兰氏阳性的大杆菌及中央隆起的大菌落，菌落边缘呈锯齿状，表面有放射状条纹。

4）生化鉴定：将分离出的菌落接种于各种生化培养基，37℃培养，葡萄糖、乳糖、麦芽糖、蔗糖、硫化氢反应为阳性，吲哚、甘露醇试验为阴性。为进一步确定病原，将纯培养物接种于牛奶培养基，培养后呈暴烈发酵现象，产生大量气体，牛奶凝固。

5）药敏试验：采用常规纸片法进行药物试验，结果表现该菌对丁胺卡那霉素（阿米卡星）、庆大霉素高度敏感；对卡那霉素、新霉素、诺氟沙星中度敏感。

【防控措施】

为预防魏氏梭菌病的发生，要严格控制饲料的污染和变质，质量不好的饲料不能喂动物。加强饲养管理，及时清扫畜舍卫生，定期消毒，所喂食物一定要新鲜，没有污染。常发生该病的地区应及时接种魏氏梭菌苗，以提高免疫力。

【治疗方法】

1）首先停喂可疑饲料。

2）治疗可采用大剂量抗生素口服或肌内注射。可选用氧氟沙星、新霉素、诺氟沙星、头孢哌酮等，并配合使用甲硝唑进行口服或肌内注射，或肌内注射庆大霉素 1～2mL，或使用抗魏氏梭菌高免血清注射。

3）为了促进食欲，对病兽每天还可肌内注射维生素 B_1 或复合维生素 B 注射液和维生素 C 注射液各 1～2mL，重症者可皮下或腹腔补液，注射5%葡萄糖盐水10～20mL，背侧皮下可多点注射，也可腹腔1次注入（但液体不能太凉）。用丁胺卡那霉素按7.5mg/kg肌内注射，每天2次，连用3天。

4）恢复期可选用微生态制剂调整肠道菌群。

第三章

▶ 寄生虫和真菌病

👉 一、组织滴虫病 👈

毛皮动物肠道寄生虫腹泻病是由组织滴虫引起的以排脓性血便为特征的寄生虫传染病。组织滴虫病的病原是组织滴虫，它是一种很小的原虫。该原虫有两种形式：一种是组织型原虫，寄生在细胞里，虫体呈圆形或卵圆形，没有鞭毛，大小为 $6\sim20\mu m$；另一种是肠腔型原虫，寄生在盲肠腔的内容物中，虫体呈阿米巴状，直径为 $5\sim30\mu m$，具有一根鞭毛，在显微镜下可以看到鞭毛的运动。组织滴虫寄生于盲肠和肝脏引起，是以肝的坏死、盲肠溃疡、严重腹泻、恶臭脓性黑血便、最后死亡为特征的疾病。

【发病特点】

该病是由于组织滴虫钻入盲肠壁繁殖后进入血流和寄生于肝脏所引起的。组织滴虫病的潜伏期为 $7\sim12$ 天，最短为 5 天，最常发生在第 11 天，食欲减少以至废绝，闭眼，畏寒，下痢，排浅黄色或浅绿色粪便，严重者粪中带血，甚至排出大量血液。患病末期，貉易得，病兽排黏稠恶臭的血便，体重迅速减轻，被毛逆立，精神沉郁。剖检可见盲肠黏膜出血、溃疡，大肠内有黏稠的黄色或黑色粪便；直肠黏膜出血、黏膜肿胀增厚。蚊蝇、鸡粪及鸡蛋中都可携带。

貉断乳后进入生长期陆续出现感染，最初是少量的发生，几天之内即波及全群，感染率可高达 70% 以上。成年貉易感性低，感染率仅在 5% 以下；饲养密集、兽舍通风不良、粪便蓄积过多、卫生条件较差的、饲养场内养鸡的或饲喂貉生鸡蛋的养殖场发病率明显高。由于对该病不认识，一般均按病毒性或细菌性肠炎治疗，结果死亡率达 80% 以上。病貉排泄的粪便可能构成主要传染源，但鸡的粪便和污染的鸡蛋间接或直接传播可能更为重要，貉最初感染可能与其有直接关系。

【临床症状】

病貉排出黏稠、恶臭的脓性血便，体重迅速减轻，被毛逆立，精神沉郁，眼无神，表情淡漠。感染组织滴虫后，引起白细胞总数增加，主要是异嗜细胞增多，但在恢复期单核细胞和嗜酸性粒细胞显著增加，淋巴细胞、嗜碱性细胞和红细胞总数不变。

【病理变化】

剖检可见盲肠黏膜出血、溃疡，大肠内有黏稠的黄色或黑色粪便；直肠黏膜出血、黏膜肿胀增厚；肠系膜充血（图 3-1）。组织滴虫病的损害常限于盲肠和肝脏，盲肠的一侧或两侧发炎、坏死，肠壁增厚或形成溃疡，有时盲肠穿孔、引起全身性腹膜炎，盲肠表面覆盖有黄色或黄灰色渗物，并有特殊恶臭；有时这种黄灰绿色干酪样物充塞盲肠腔，呈多层的栓子样（图 3-2），外观呈明显的肿胀和混杂有红灰黄等颜色。肝脏出现颜色各异、不整圆形稍有凹陷的溃疡灶（图 3-3），通常呈黄灰色，或是浅绿色。溃疡灶的大小不等，一般为 1~2cm 的环形病灶，也可能相互融合成大片的溃疡区。

图 3-1 肠系膜充血

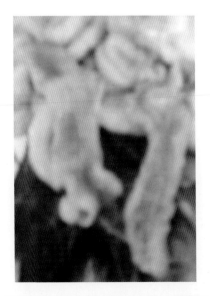

图 3-2 黄灰绿色干酪样物充塞盲肠腔

图 3-3　不整圆形稍有凹陷的溃疡灶

【诊断要点】

　　组织滴虫病主要感染育成期貉。夏季炎热季节是该病的多发期，流行病学调查发现，貉组织滴虫病主要发生在饲养密度大、卫生条件极差的地方。通过实验室诊断可确诊。

　　对盲肠内容物组织滴虫的检测：组织滴虫有一根鞭，做钟摆式运动。滋养体（成虫）运动时虫体伸缩类似变形虫，镜下可见大量的无鞭毛的滋养体（图 3-4）。取盲肠内容物少许放在载玻片上，加 1 滴生理盐水混匀，加盖玻片，镜下检查（×150），可见组织滴虫呈活泼的钟摆式运动，运动的虫体可伸缩，表现形态多变，一会呈圆形，一会又呈倒置的梨形。用复红染色，尚可见到近于圆形的有一根鞭毛的滋养体（成虫）和无鞭毛的滋养体。

　　与其他肠道病原体鉴别诊断：细小病毒腹泻排黄、绿、粉红色并夹杂肠黏膜的粪便，抗生素治疗无效，使用细小病毒单克隆抗体试剂盒可快速确诊。大肠杆菌引起的腹泻选择敏感的抗生素治疗有效，如果剂量和疗程足可迅速控

图 3-4　貉组织滴虫——变形运动中的
滋养体形态（复红染色）

制，通过病原分离鉴定可确诊。魏氏梭菌引起的腹泻与动物性饲料污染该菌有关，以严重的出血性肠炎为特征，以青霉素和甲硝唑治疗有效，从肠内容物中检测和培养到魏氏梭菌对确诊有诊断意义。霉菌性肠炎是饲料中霉菌毒素导致的腹泻，抗生素治疗效果不明显或无效，对病料的霉菌培养可确诊。

【防控措施】

防控组织滴虫病主要加强注意卫生条件管理。该病可能与鸡的粪便污染水源或苍蝇携带病原污染食物或饲喂的鸡蛋直接相关，因此，环境卫生、灭蝇和鸡蛋必须煮熟饲喂不容忽视。要注意饮水和饲料的卫生，防止虫卵的污染，鸡粪、苍蝇等病原携带物要及时清理，鸡蛋要熟喂，若发现疑似病例要立即隔离，并对笼具、食盒、地面等进行消毒。

【治疗方法】

选用芬苯达唑、伊维菌素等驱虫药对病兽进行治疗。驱虫药的使用如下：

1）根据用药说明书使用或遵医嘱，不得擅自加大剂量，驱虫前后 7 天可打疫苗，因为驱虫药毒性比较大，对动物肝脏有损害，两者间隔时间太短对动物损伤比较大。

2）每年可驱虫 2 次，仔兽分窝后驱 1 次，12 月份对种兽驱 1 次。

二、蛔 虫 病

犬弓首线虫，简称犬蛔虫，是常见的肠道寄生虫，其幼虫能在人体内移行，引起内脏幼虫移行症。北极狐的蛔虫病是由犬弓首蛔虫和狮弓蛔虫感染引起的一种较常见的线虫病，虫体寄生于狐的小肠和胃。

【发病特点】

蛔虫有雌雄之分，弓首蛔虫虫卵随着宿主的粪便排出体外，在适当条件下，经过 50 天发育，变为内含幼虫的侵袭性虫卵，随污染的饲料或饮水进入宿主肠内，而后孵出幼虫。幼虫进入肠壁血管，随血行至肺，再进入呼吸道，沿支气管、气管到口腔，再经咽下至小肠，在小肠内发育为成虫。一部分幼虫移行到肺以后，经毛细血管进入大循环，经血行而被带入其他脏器和组织内（图 3-5），形成被囊，遂不能转变成成虫，而带有被囊的脏器被其他肉食兽吞食后，仍可发育为成虫。侵袭性蛔虫卵进入怀孕母兽体内时，其幼虫可经胎盘感染胎儿。胎儿在子宫内时幼虫只寄生于胎儿血液中，仔兽出生后，幼虫开始进入仔兽肠壁。

图3-5 北极狐肠道寄生虫虫体

【临床症状】

幼狐吞食了感染性虫卵（图3-6）后，在肠内卵出幼虫，幼虫钻入肠壁，经淋巴系统到肠系膜淋巴结，然后经血流到达肝脏，再随血流达肺脏，幼虫经肺泡、细支气管、支气管，再经喉头被咽入胃，到小肠进一步发育为成虫，全部过程4～5周。年龄大的兽吞食了感染性虫卵后，幼虫随血流到达身体各组织器官中，形成包囊，幼虫保持活力。

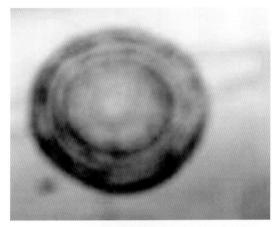

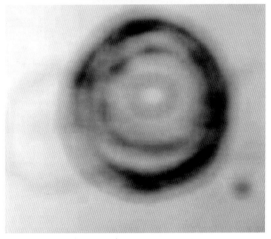

图3-6 北极狐肠道寄生虫虫卵

【病理变化】

病狐的主要症状是慢性消瘦，生长发育迟缓，可视黏膜苍白，食欲不振，呕吐，肿胀腹泻，在呕吐物或粪便中可见虫体。病后期出现便秘和阵发性痉挛而死亡，一般是成窝发生感染。幼狐发育不良，生长迟缓，腹部膨大，有的病狐吐出蛔虫，有时腹痛，呻吟，被毛松乱，腹下有时无毛。病狐出现颈细腹大，行走时腹部下垂，呈"元宝"形。因蛔虫毒素侵害，病狐出现神经症状如癫痫发作等，有的病例不影响食欲，病狐临死前还在吃食。

【诊断要点】

主要是幼仔发病。蛔虫病的传染源是已被感染的病狐，饮水感染是一些兽场饮用浇水或池塘水，容易到虫孵的污染；呼吸道感染是因为尘土中的蛔虫卵可被吸入呼吸道，然后再被吞入消化道感染机体。

1）实验室诊断：对粪便进行检查，若有蛔虫虫体和蛔虫卵，即可确诊。

2）尸体剖检：发现肠胃道充满大量虫体，严重时出现整个肠管堵满的状况，胃肠黏膜有卡他性或出血性炎症。

【防控措施】

蛔虫病是虫卵污染饲料和饮水引起的，因此，做好饲料管理和饮水卫生工作是预防该病的关键。及时清除粪便和地面消毒，对食具的每日清理消毒是非常必要的。

定期驱虫，使用伊维菌素、害获灭、驱蛔灵（哌嗪）等。于每年的 12 月份对种兽驱虫 1 次，仔兽分窝后再次驱虫1 次。

三、毛皮动物螨病

螨病是由疥螨科、痒螨科和蠕形螨科的螨类寄生于毛皮动物的体表、表皮内、毛囊、皮脂腺内引起的以皮肤发痒为特征的各种类型的皮肤炎症。螨类是不完全变态的节肢动物，其发育过程包括卵，幼虫，若虫和成虫。疥螨成虫体近圆形或椭圆形，背面隆起，乳白或浅黄色。

【发病特点】

1）疥螨：寄生在狐、貉皮肤表皮角质层间（图3-7），啮食角质组织，并以其螯肢和足跗节末端的爪在皮下开凿一条与体表平行而迂曲的隧道，雌虫就在此隧道产卵。成螨在宿主皮内的隧道中产卵，卵3~4天即孵化为幼虫，幼虫经3~4天蜕皮为若虫，再经4~5天若虫即蜕皮化为成螨。全部生活史需要10~14天。

图3-7　银黑狐脸部疥螨

2）痒螨：虫体长0.5~0.8mm，长椭圆形，灰白或浅黄色，颚体较疥螨长，尖圆锥形。螯肢细长，钳状，末端有齿，适于刺破皮肤。躯体表面有细皮纹，并具有后背板。生活史需经卵、幼虫、若虫和成虫期的发育，可以世代相继的生活于同一宿主体上。痒螨对外界各种不利因素的抵抗力较强，为永久性体外寄生虫，可寄生于多种哺乳动物体上。

狐、貉对螨虫易感，螨病通过直接接触和间接接触互相传播。病兽是主要的传染源，猫、犬和家畜是重要传染源。病兽和健兽通过直接接触传播，如密集饲养和配种等。通过接触污染的笼舍、食具、产箱及工作服、手套等可间接传播。螨病多发于冬季、秋末和春初。因为这些季节阳光照射不足，动物毛密而长，特别是在畜舍环境不好，潮湿的情况下，最适合螨虫的发育和繁殖。春末夏初，毛皮动物换毛，通风改善，皮肤受光照充足，疥螨和痒螨大量死亡，症状减轻或完全康复。

【临床症状】

病变可发生于头部、四肢、体表、爪及尾部，随着病程的发展，病变逐渐扩大乃至遍及全身。先出现小结节，继而发展成小水疱，由于患病发痒，病兽经常啃咬或用爪抓挠（图3-8），使得皮肤损伤破裂并留出淋巴液，表皮角质脱落而形成痂皮，患部被毛脱落并起皱褶和干裂出血，病兽渐行性消瘦，严重时死亡。

图3-8　病兽啃咬或用爪抓挠

【病理变化】

病变特点为：结节→水疱→痒感→脱毛和皮肤损伤→淋巴

液流出→角质层脱落和大量的皮屑→痂皮形成→皮肤增厚并出现皱褶，病变的部位具有不规则性。当疥螨稚虫或成熟雌虫落到毛皮动物身上后，即咬破皮肤，并钻到上皮层下挖凿通道。雌虫沿通道产卵，往往刺激动物皮下神经末梢，产生剧烈痒感。动物用爪挠抓皮肤，使之损伤，流出污血及分泌物而结痂，甚至被病菌感染而发炎、溃疡，形成秃斑，严重影响毛皮质量。螨病最初大多发生在毛皮动物的脚掌上，随后蔓延至肘关节，若未能得到及时治疗，则很快传播到额、颈、胸、臀及尾部。患病动物食欲减退、甚至废绝，机体营养不良、贫血、衰弱，免疫机能下降，有的还可能发生中毒而死亡。

【诊断要点】

螨虫的检测：常使用直接涂片法。将患部剪毛，用消毒好的手术刀片在病变皮肤和健康皮肤交界处刮取皮肤下层屑片，放置玻片上，加数滴50%的甘油溶液或液体石蜡，加盖玻片后，放置低倍镜下观察，见活的螨虫即可确诊（图3-9）。

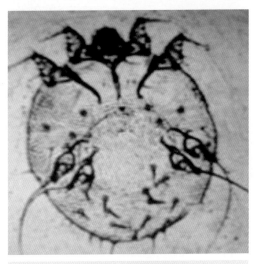

图3-9 疥螨镜检图

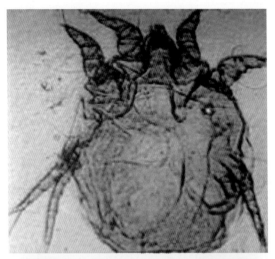

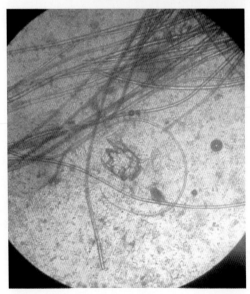

图 3-9 疥螨镜检图（续）

图3-9　疥螨镜检图（续）

鉴别诊断主要和皮肤真菌、湿疹及毛虱相区别：真菌有较为规则的病变，无痒感，并可见孢子和菌丝；湿疹的痒感不明显，检测时无病原；毛虱无皮肤增厚、皱褶和变硬病变。

【防控措施】

保持兽舍的良好卫生，夏季通风要好，兽舍需要保持干燥；引进种兽时要注意做无螨检查。保持饲养场地面、笼舍及用具的清洁卫生，粪便必须天天清扫，定期在地面撒生石灰或喷火碱水，或用火焰喷灯消毒，严防苍蝇在场内大量繁殖，传播病原，同时定期灭鼠。通常地面用生石灰消毒，食具、水盒等煮沸消毒，笼具及环境等使用杀螨净或2%的敌百虫喷雾消毒。

【治疗方法】

发现或疑似有螨虫感染时，立即隔离治疗，对其接触过的一切物品严格消毒，并使用杀螨药物治疗，如多拉菌素（通灭）、伊维菌素、害或灭等，每隔7天使用1次，连用3次以上。临床病例治愈后隔 15～30 天再注射 1 次。药物治疗时需要严格控制剂量，以免仔兽中毒，成年兽或感染比较严重的可适量增加剂量，推荐使用毒性较小的多拉菌素。

四、毛皮动物皮肤真菌病

皮肤真菌病病原包括须毛癣菌、小孢子菌病和马拉色菌病。真菌性皮肤病又称为癣，是由包括毛癣菌属、表皮癣菌属和小孢子癣菌属的浅部真菌引起的，特征是在皮肤上出现界限明显的脱毛圆斑，潜在性皮肤损伤，具有渗出液、鳞屑或结痂及瘙痒等。在目前毛皮动物的规模化养殖中，由须毛癣菌引起的毛皮动物的皮肤病已经越来越受到人们的重视，须毛癣菌不仅可以造成毛皮动物产品的淘汰和降级，而且可以引起人的皮肤癣病。

【发病特点】

须毛癣菌可以引起多种动物的皮肤真菌病，主要表现为瘙痒、脱毛或者断毛，患部出现大量皮屑，部分出现红肿或者继发感染。在毛皮动物的规模化养殖中，须毛癣菌病在导致毛皮动物产品淘汰、降级的同时，还引起其他动物，包括人的皮肤病，具有重要的公共卫生意义。须毛癣菌是一种嗜角质真菌，通过机械的破坏作用和分泌角蛋白酶将动物的角蛋白分解为短的多肽和氨基酸，来获取碳源和氮源，从而满足自身生长繁殖的需要。

小孢子菌广泛存在于自然界和猫、狗、羊、兔等动物的皮毛上，易感动物与真菌分节孢子感染的动物或其他污染物接触时就会被感染。分节孢子附着到角质层细胞后出芽生殖，产生大量菌丝，这些菌丝深入角质层。菌丝还可以穿过毛发生长初期的毛干，到达毛发底部的角质蛋白。菌丝侵入毛发干以后，在毛发表面产生大量有感染性的球形分节孢子。患部断毛、掉毛或出现圆形脱毛区，起皮屑或者脱毛区皮肤隆起、发红、结节化；也有不脱毛、无皮屑者，患部出现脓包或丘疹。

马拉色菌为嗜脂性担子菌纲酵母菌，该菌属为人类及温血动物皮肤上的常驻菌群。马拉色菌性皮炎是由厚皮马拉色菌感染而引发的瘙痒性皮肤病，可能与皮脂溢出有关。

【临床症状】

由于感染的真菌种类不同，感染的程度及机体自身体质的不同，真菌性皮肤病的表现也不尽相同，但是一般都会有一定程度的脱屑脱毛和结痂（图3-10、图3-11），有的还会出现丘

图3-10　仔貂眼部真菌感染

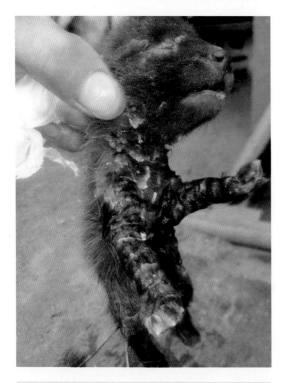

图 3-11 真菌结痂

疹。如若毛囊未遭到破坏，那么一般都能随着病情的减轻毛发再次长出。有些真菌主要是先侵扰毛干，所以患兽的毛发可能会变得易断，只在皮肤表面留下一层短的毛茬。

【病理变化】

该病与螨病应相互区别：真菌病绝大多数为浅表皮肤病（图 3-12、图 3-13），并且在体表均匀的生长，呈现出比较均匀的圆形或者椭圆形；而螨病大多数是深层皮肤病，不规则的掉皮。

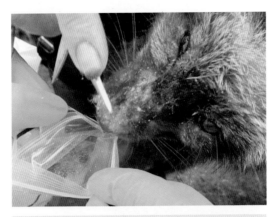

图 3-12　银黑狐脸部皮肤真菌病

图 3-13　银黑狐足部真菌病

【诊断要点】

真菌性皮肤病的诊断技术现在已经很成熟。而在临床上最常用的就是直接镜检。拔取病变部位及病变周围的被毛或刮取鳞屑置于载玻片上，滴加 10% 氢氧化钾溶液，加盖玻片。微热处理后，置于显微镜下观察有无真菌孢子出现（图 3-14）。此法操作简便，但是在临床上，严重的慢性感染病例容易从被毛或鳞屑直接镜检中观察到皮癣菌孢子。

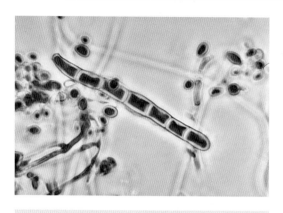

图 3-14　真菌镜检图

【防控措施】

注意环境和兽体清洁卫生，改善通风条件，避免拥挤、潮湿，防止伤口感染，是主要的预防措施。多数真菌病的康复动物对再感染具有免疫力，有些病的疫苗已研究成功，有些正在取得进展。

【治疗方法】

关于皮肤真菌病的治疗，目前无特种毛皮动物专用药物，治疗用的特效药物有灰黄霉素、制霉菌素、两性霉素 B 等。普遍采用的是酮康唑、氟康唑、克霉唑、特比萘酚，对治疗豚鼠的石膏样毛癣菌和小孢子菌感染的药效明显。该病为接触性传染，一般是人的裸露皮肤直接或间接接触到患兽或者被患兽污染的器物而感染。特别是在给患兽治疗时，人的皮肤接触到清洗病兽的液体或者涂在病兽患处的药膏，极易感染。因此，在平时工作中，要养成戴手套的习惯，最好戴不透水的手套。在清洗病兽患处及给病兽上药时必须戴一次性的医用手套和口罩，手套用后应立即焚烧。

第四章

▶ 普 通 病

一、水貂肾（尿）结石

【发病原因】

已经知道的泌尿结石有 32 种成分，最常见的成分为草酸钙，也有其他成分的结石如磷酸铵镁、尿酸、磷酸钙及胱胺酸（一种氨基酸）等，也可以是以上各种成分的混合物。影响结石形成的因素很多，遗传、环境因素、饮食习惯都与结石的形成相关，机体的代谢异常、尿路的梗阻、感染、异物和药物的使用是结石形成的常见病因。

1）膀胱感染：水貂采食量大导致尿液中有大量的尿素，金黄色葡萄球菌、假单胞菌属和变形杆菌属等细菌感染尿道，在脲酶作用下使尿素水解形成氨和二氧化碳，氨与水反应结果增加了氨的浓度及尿液的碱性，碱性尿液过度饱和就可形成结晶。

2）饲料成分和体内水平衡：给水貂饲喂高蛋白饲料，一方面可刺激水貂大量饮水从而导致尿液体积增加，另一方面由于氨基酸中硫含量高使酸排泄量增加导致尿液 pH 降低，pH 过低易形成草酸结晶体。

饲料中的某些绿叶蔬菜（如菠菜）草酸含量很高，能降低对钙的吸收率，过多的草酸盐可影响骨质钙化，促使尿中盐类析出和胶体沉淀，形成不溶性草酸盐，促进结石形成。

镁的含量对尿结石的形成很重要。提高饲料中镁盐的含量，血清中镁和磷的浓度升高，尿结石发病率明显提高。此外，镁的来源不同影响也有差异，如果为氧化镁则尿液 pH 增加，如果为氯化镁则效果相反。还有研究发现，饲料中钙磷比例不平衡也可导致尿结石的形成。

3）维生素 A 不足：维生素 A 不足可引起上皮细胞角化甚至脱落，特别是泌尿器官的上皮形成不全或脱落，从而导致尿结石核心物质增多，促使结石形成。

【临床症状】

肾结石的患者大多没有症状，除非肾结石从肾脏掉落到输尿管造成输尿管的尿液阻塞。常见的症状有腰腹部绞痛、恶心、呕吐、烦躁不安、腹胀、血尿等。如果合并尿路感染，也可能出现畏寒发热等现象，急性肾绞痛常疼痛难忍。

【病理变化】

死后剖检可见肾脏肿大，肾盂肿胀并充满脓汁、结石和血液、输尿管肿大明显，出现化脓性膀胱炎时，血液和脓汁中充满各种大小不等的结石（图4-1、图4-2、图4-3）。

图4-1 水貂肾结石

图 4-2　水貂膀胱结石

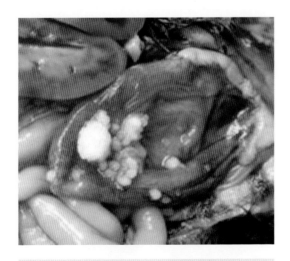

图 4-3　膀胱内有松散的结晶

【治疗方法】

水貂患有尿结石后，如果临床症状严重、有疼痛表现和尿淋漓现象，可以使用双氢克，尿塞 10mg，青霉素 20 万单位，每天肌内注射 2 次，必要时镇痛、减压、强心补液，全群投服乌洛托品、磺胺二甲嘧啶、碳酸氢钠，每天 1 次，连用 5~7 天。在水貂饲养期，可添加药物来达到预防的目的：

1）添加磷酸：美国、丹麦、中国等国家已经使用磷酸来预防尿结石。在水貂日粮中添加 0.8% 磷酸，死亡率有所减少。

2）添加硫酸氢钠：增加饲料的适口性，使尿液 pH 普遍降低，利于饲料保存。水貂育成早期（28~52 天）在湿日粮中添加 0.5% 硫酸氢钠，尿液 pH 从 6.9 降到 6.2 且未影响水貂生长，取皮期间在日粮中添加 0.5% 硫酸氢钠，尿液 pH 降低且对生长和毛皮质量无影响。

二、水貂黄脂肪病

黄脂肪病又称脂肪组织炎、肝脂肪变性、肝脂肪营养不良。我国各地毛皮动物养殖场时有发生，给毛皮动物饲养业带来相当大的经济损失。它是一种营养代谢性疾病，其特征是全身脂肪组织黄染，出血性肝小叶坏死，可伴发物质代谢重度障碍和各器官机能及形态学的严重病变，常发生于水貂和毛丝鼠，其他毛皮动物很少发现。该病多发生于温和季节，尤以 7~9 月份为多，这与鱼类等动物性饲料在此期间容易腐败变质有关。当年育成貂的发病率要比老龄貂高，我国黑色标准貂发病比彩色貂为多。

【发病原因】

黄脂肪病主要在饲料内脂肪酸败，而又未加抗氧化剂的情况下发生，硒及维生素 E 或维生素 B 缺乏，可促进该病的发生和发展。毛皮动物常饲喂畜禽肉或鱼等动物性饲料，若畜禽屠宰后于常温下放置过久，或利用死亡时间较长的畜禽肉作为饲料，含脂肪较多的动物性饲料储藏温度偏高或储存时间过长，则其中的脂肪发生酸败；鱼类等含不饱和脂肪酸较多的饲料，更易氧化腐败。储藏较久的鱼类饲料，往往是水貂急、慢性黄脂肪病的主要原因。管理不当，如夏季饲养中，食盒中剩食不清除即添新食，喂后食盒拣出太晚，或小室不经常清理，毛皮动物吃了叼入小室的变质饲料，也是该病常见的发病原因。

【临床症状】

黄脂肪病一年四季均可发生，但以炎热季节多见，多发生于生长迅速、体质肥胖的幼貂，但成貂发病者也屡见不鲜。临床上可按病程分为急性和慢性两种病型。

1）急性型：多见于水貂，常在炎热的 7~8 月份发生。病貂多为体况良好、生长迅速、食欲旺盛的幼貂，有时无先兆症状而突然死亡，或见腹泻，粪便呈绿色或灰褐色，混有气泡和血液，最后变成煤焦油样粪便，食欲废绝，饮欲增加，病貂很少活动，可视黏膜轻度黄染，可见痉挛及癫痫样发作，不久死亡。有些病例，腹围增大，后躯麻痹，腹部尿湿，触摸鼠蹊部可感知索状硬结的脂肪，最后转归死亡。

2）慢性型：食欲大减，生长停滞，体重减轻，被毛蓬乱无光。有的可见黏膜黄染，病至后期，出现腹泻，粪便黑褐色并混有血液，步态不稳。个别病例后躯麻痹或痉挛发作，出现不自然的尖叫。银黑狐和北极狐常妊娠中止，胎儿被吸收，死亡率为 10%~50%。

【病理变化】

急性型病例尸体营养良好，慢性型病例尸体消瘦。皮下组织胶样浸润，皮下脂变性发硬，呈黄色。实质器官有脂肪沉积，为黄褐色（图4-4）。黄疸（图4-5），肝脏肿胀，质地脆弱，呈灰黄色（图4-6），切面干燥无光泽，弥漫性肝脂肪变。肾脏增大，呈灰黄色，切面平展。

图4-4 水貂脂肪变黄

图4-5 水貂黄疸

图4-6　水貂肝脏变黄

【防控措施】

黄脂肪病无特殊治疗方法，为预防继发感染，可肌内注射青霉素 10 万 ~ 20 万单位。应用亚硒酸那，按每千克体重0.1mg 混入饲料内服，喂饲 1 周，停药 1 周。硒制剂抗氧化作用较强，用药 1 个月内可见明显效果，同时用维生素 E 配合效果更好。氯化胆碱对黄脂肪病疗效较好，每次水貂 30 ~ 40mg，北极狐和银黑狐 60 ~ 80mg。治疗水貂黄脂肪病时，多配合肌内注射复合维生素 B 0.5mL，有一定作用，同时应在日粮内加入质量好的富含全价蛋白的饲料。以高锰酸钾洗涤过的饲料禁止喂给妊娠和哺乳母兽。母兽日粮从 1 个月到产仔期，应用足够量的全价饲料，并注意新鲜鱼肝油的补给。

三、水貂自咬食毛症

患自咬症的水貂，发病时行动异常，往返在笼和小室间，反复转圈翻滚，并发出咕咕声或刺耳的尖叫声，且狂暴地啃咬自己的尾部，有的已经咬掉尾尖被毛，呈秃棍棒状，有的咬伤皮肉、韧带、后肢或把整个尾巴咬掉，患病严重的貂将后身咬伤流血，也有的咬破腹部外露肠管，感染化脓后死亡。患食毛症的水貂常自食全身的被毛，多从尾部和后臀部开始，逐渐向腰背部、下腹部扩展，有的仅食尾巴针毛或啃食后身躯两侧毛绒。

【发病原因】

发病原因是多方面的，经多年调查分析有以下 4 个方面：

1）可能是饲料问题，搭配不合理，加工又不当，不能满足貂正常需求，特别是对蛋白质、微量元素的需求，引起水貂自身的生理机能不平衡、不协调，主要是饲料中缺乏与毛绒生长有关的含硫氨基酸（包括蛋氨酸、胱氨酸和半胱氨酸），另外纳、铜、钴、锰、钙、铁、硫、锌等微量元素不足也会诱发动物自咬症。

2）貂场潮湿不洁，笼舍长期不消毒，貂体内皮肤有病毒、螨虫等寄生虫之类的微生物，引起皮肤发痒而自咬或食毛。

3）应激反应所致。经观察，有的貂神经过敏，如在春秋季节气候变化大时，出现应激反应，在笼舍内打转，啃咬尾巴。

4）患有自咬症和食毛症的水貂有遗传性，往往是仔貂的父母代患过此症，遗传到下一代。

【临床症状】

发病兽主要表现为将尾部、后腿、腹部、腰部的毛咬断并吞食，严重的将毛贴根咬光，皮肤裸露。

对于食毛症要在概念上和自咬症及脱毛症相区分。自咬症发作后是疯狂地咬自己的身体某一部位并撕破皮肤甚至将下腹部咬破，肠管流出来；脱毛症是皮肤没有如何病变而发生的一种自然脱毛状态。

【防控措施】

要保证饲料中营养素的供给，尤其在毛皮动物的生长期和冬毛期，蛋氨酸和 B 族维生素不能缺乏；对食毛症的治疗主要在饲料中补充蛋氨酸、复合维生素 B、硫酸钙，每天 2 次，连用 10 ~ 15 天即可治愈。

保持兽场通风干燥。潮湿、笼舍不洁净易使水貂患皮肤病，所以，笼舍要经常打扫消毒，用生石灰水或食用碱水对小室消毒，用火烧笼网或刷洗生石灰水杀死病菌。小室的垫草要勤换常晒，用具也要定期消毒，防止螨虫传播。兽场地面要及时消除粪便、垫干土，撒生石灰粉、草木灰消毒，防止蚊蝇的侵害。

淘汰神经敏感型个体；发生有自咬的即使治愈或自然康复也不能做种貂用。对自咬症的治疗还没有特异性药物，但是人们在生产实践中摸索出了一些经验疗法，有缓解作用甚至能基本控制病情，如截断门齿或犬齿、使用安定药镇静、结伴饲养（即两个患自咬症貂在同一笼中饲养）等。

四、貉大爪症

貉大爪症是烟酸（维生素 PP 或尼克酸）缺乏引起的一种营养代谢性疾病，以爪垫上皮细胞角化增生和糙皮症为临床特征。采集病料进行病原分离鉴定，从大爪子症病貉病变的肉垫及其趾间分离到葡萄球菌，分离率为 100%（12/12）。经生理生化鉴定表明，该菌菌落为金黄色，产生溶血素，凝固酶试验呈阳性，能分解甘露醇，液体培养物静脉注射家兔可致死。

【发病特点】

仔貉易感，发病率高达 50% 以上，老貉有 5% ~ 10% 的感染率。一般从 6 月份开始陆续发病，一直持续到取皮。公貉、母貉均易感染，有较明显的传染性。先是零散发生，然后由近及远扩散而波及全群，最后形成地方性流行病。

【临床症状】

相比正常貉（图4-7），病貉爪垫角化、逐渐增厚、干裂出血，随病程的延长，爪垫高度增生变厚，外观似石灰爪或石头爪，病貉行走和伫立困难，甚至跪在笼上采食。一般从断乳后一段时间开始发病，一直到取皮，爪的病情逐渐恶化。有部分病例，四肢及全身出现鳞屑样上皮脱落，毛被下用手触摸时有疙瘩样感觉。根据特征的病变——大爪子症容易确诊（图4-8、图4-9），但应与疥螨相区分。疥螨发生在爪部时，四肢的下部可见到皮屑和脱毛，有痒感，肉垫肿胀不明显并有结痂。金黄色葡萄球菌在病变局部繁殖，可分泌溶血素、杀白细胞素和肠毒素，毒素被吸收进入血液，导致病貉贫血、慢性腹泻和全身毒血症而死亡。因此，如果不及时治疗或治疗失误，病貉死亡率为20%以上，即使存活到取皮期，但因其生长缓慢、个体发育小，也仅能获得一张残皮。

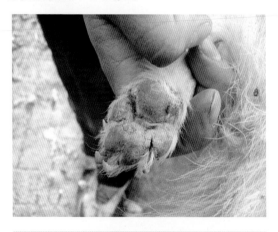

图4-7　正常貉

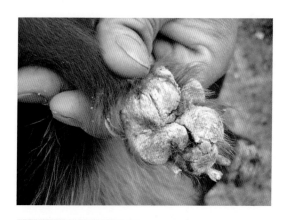

图4-8 貉大爪症

图4-9 大爪症形成的结痂

【防控措施】

　　仔貉断乳或单笼饲养后，要保证维生素 A、维生素 C 及 B 族维生素的供给。为防止肉垫过度摩擦而引起感染，可在笼网上一角铺垫一块木板或硬纸板，使貉能在其上歇息。保持兽场良好的环境卫生，及时清除底网上的粪便。7 ~ 9 月份，每周对笼舍至少消毒 1 次，严格隔离病貉并单独饲养和治疗。

【治疗方法】

　　用双氧水（过氧化氢）彻底清洗患处，然后涂以药物，如青霉素软膏、红霉素软膏、碘甘油、鱼石脂等，每日 1 次，连续 5 ~ 7 天。注射用药：青霉素，每日 2 次，每次 80 万国际单位，连用 3 天；庆大霉素，每日 2 次，每次 8 万国际单位，连用 3 天；地塞米松，每日 1 次，每次 5mL，连用 3 天。此外，在饲料中补充维生素 A、维生素 C、维生素 B_1、维生素 B_2 和维生素 B_5。

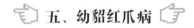

五、幼貂红爪病

【发病特点】

　　幼貂红爪病主要发生于 10 日龄以内的幼貂，且多呈窝发。其病因是母貂妊娠期间日粮中维生素 C 含量不足或遭到破坏，使所产的幼貂发病。新生幼貂四肢、趾垫红肿，趾间破溃，出血，糜烂，呈紫红色，吮乳能力弱，不停地发出微弱的吱吱叫声，在窝内乱爬，有的关节变粗，尾部水肿潮红，烂掉尾尖，如果不及时治疗，多于 5 天内死亡。

【临床症状】

　　脚垫充血，高度潮红（图 4-10）；全身皮肤发红；四肢水肿，关节变粗；脚垫肿胀，有时趾间有溃疡或龟裂；幼貂在窝室内乱爬，头向后仰，常听到尖叫声，无吮乳能力。

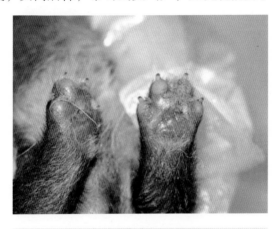

图4-10　脚垫充血，高度潮红

【防控措施】

　　毛皮动物于妊娠后期要满足维生素C的供给；红爪病一般是因为产仔较多的母貂于妊娠后期由于胎儿发育迅速、食物中摄取的维生素C不能满足需要而发生；也可能是饲料中的维生素C在加工和调制过程中被破坏了，或添加的维生素C发生了氧化失效。当发生红爪病时，给幼貂使用5%的维生素C（从口腔滴入）。平时，应给予全价日粮，尤其是妊娠母貂，日粮中除补加青绿新鲜蔬菜外，每天还应添加维生素C 25mg以上。对患病仔貂，可滴服维生素C注射液，每天2次，每次0.5～1.0mL，母貂日粮中有足量的鱼肝油，将有利于缩短病程，促进疗效。

六、三聚氰胺中毒

　　三聚氰胺，是一种三嗪类含氮杂环有机化合物，重要的氮杂环有机化工原料，是一种用途广泛的基本有机化工中间产品，最主要的用途是作为生产三聚氰胺甲醛树脂（MF）的原料。动物长期摄入三聚氰胺会造成生殖、泌尿系统的损害，导致膀胱、肾部结石，并可进一步诱发膀胱癌。三聚氰胺进入人体后，发生取代反应（水解），生成三聚氰酸，三聚氰酸和三聚氰胺形成大的网状结构，造成结石。

【临床症状】

育成期和冬毛期的北极狐采食量没有明显变化，但是脂肪消化率显著降低，同时在血清中，白蛋白和总蛋白含量呈不同程度降低。个别北极狐出现多饮多尿、少动、嗜睡等症状。三聚氰胺中毒的动物尸体剖检可见，个体肾脏表面凹凸不平，严重的肿大呈浅黄色，皮质和髓质界限不清（图4-11）；组织病理切片可见肾脏内含较多的炎性细胞，部分肾小囊可见红染蛋白沉积。

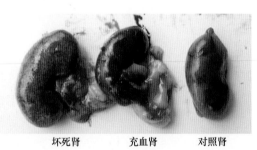

坏死肾　　　　充血肾　　　　对照肾

图4-11　三聚氰胺中毒肾脏病变

【防控措施】

目前没有针对三聚氰胺毒性作用的特效解毒剂，临床上主要依靠对症治疗，加强饲料管理。主要有两个防治原则：

1）预防和防止三聚氰胺继续吸收，确诊为三聚氰胺中毒

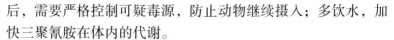

后，需要严格控制可疑毒源，防止动物继续摄入；多饮水，加快三聚氰胺在体内的代谢。

2）维持机体生命功能，包括维持体温、调节电解质和体液、增强心肌功能等。

☞ 七、水貂尿湿症 ☞

水貂尿湿症是泌尿障碍的一种疾病，其特点为病兽不随意地频频排尿，给水貂养殖业带来巨大经济损失。此病仅发生于水貂，公貂发病率为40%，是水貂等毛皮动物泌尿系统疾病的一个征候，而不是单一的疾病。有很多疾病出现尿湿，如肾炎、膀胱炎、尿结石、阿留申病、黄脂肪病等。

【发病原因】

水貂尿湿症的发病原因很复杂，目前研究者们认为有以下因素：

1）饲养不当因素：该病主要发生在40～60日龄的幼貂，10～15日龄的幼貂也有发生。对哺乳期的母貂或幼龄貂饲喂腐败变质、维生素 B_1 不足，以及过度饲喂富有脂肪性饲料，能诱发和促进该病的发生。

2）细菌性因素：在病貂的肾和膀胱内分离出链球菌、葡萄球菌、绿脓杆菌和异变形杆菌等，这些细菌有致病性，破坏泌尿机能。

3）遗传性因素：发现此病在一定品系和彩色水貂群中具有高度易感性，发病率与死亡率都很高。而在某些品系中很少有此病发生，或者没有。

【临床症状】

最初的症状是病貂不随意地频繁排尿，后躯被毛浸渍，会阴部、腹部及后肢内侧的被毛被浸湿，黏结在一起（图4-12），导致皮肤发炎、变红而肿胀，不久出现湿疹和脓疱，脓疱破溃后形成溃疡。

随着病情发展，被毛脱落，皮肤增厚而坚固、粗糙，以后皮肤或包皮周围发生坏死，坏死继续扩延侵害后肢和腹部皮肤。由于皮肤高度肿胀，排尿口被闭锁，尿液潴留于包皮囊内。病貂精神萎靡不振，体温升高，食欲减退，呼吸困难，逐渐消瘦，如果不及时治疗，易引起死亡。

图4-12　被毛被尿液浸湿

【诊断要点】

根据会阴和下腹部毛被被尿浸湿而持续不愈，即可做出诊断。

【防控措施】

对哺乳期的母貂和断乳的幼貂应加强饲养管理，从日粮中排除质量差、腐败及含脂肪多的食物。注意给予清洁的饮水，对该病的预防有重要作用。勤换垫草，可缓解症状。

【治疗方法】

根据病因不同，可采取对症治疗。为防止感染，加速炎性渗出物的吸收和排出，可肌内注射青霉素 10 万～20 万单位，每天 2 次；土霉素 0.05g，以蜜调服。拒食时在皮下注射 10% 葡萄糖液 10mL，维生素 C 1mL。尿路消毒，可口服乌洛托品 0.2g，每天 2 次，能收到一定的疗效。同时，饲料中补加维生素 E 和维生素 B。

八、狐狸乳腺炎

乳腺炎一般是由乳腺或乳头感染引起的。妊娠后期母兽过肥，乳腺被大量脂肪包围，乳汁分泌受阻发生淤滞也常导致乳腺炎的发生。

【临床症状】

乳头及乳房周围红肿（图 4-13），触摸有热感和硬块，用手挤乳头时，乳汁呈黄色；病兽不安，常在笼内徘徊，不愿进产箱并拒绝仔兽吃奶，常将仔兽叼出产箱；感染严重的乳头有脓样物流出并出现拒食。

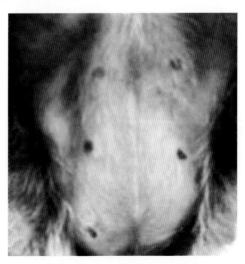

图 4-13　狐狸乳房出现红肿发炎

【诊断要点】

母兽躁动不安，仔兽常发出尖叫声或被母兽叼出笼外；对母兽的乳房检查，表现为乳房红肿热痛，触摸内有硬块，乳汁变质或有脓血，即可确诊。

【防控措施】

预防狐狸乳腺炎，首先应从妊娠期狐狸的饲养管理着手，妊娠期维持母狐中等体况，防止母狐过肥或偏瘦。母狐于配种后进入妊娠期，其营养水平应本着前低后高泌乳期最高的原则，如果妊娠期母狐过肥，一方面会造成母狐分娩困难，另一方面往往导致产后乳汁过多，而此时仔狐食量小，所以母狐很容易患乳腺炎。妊娠期狐狸的营养标准为每只代谢能418kJ，可消化蛋白质为10g以上，添加维生素 E 15mg、维生素 AD 3000 单位、维生素 B_1 2mg、维生素 B_2 2mg、维生素 C 20mg，饲料应新鲜、全价、适口性强。

另外，产前对产箱要严格消毒，垫草要柔软不能混入坚硬物；产前 1 周于饲料中添加蒲公英粉，产前 2 天和产后 3 天于饲料中加复方王不留行片，必要时注射催乳素；对病兽实行乳房按摩和热敷疗法，并于乳房基部使用普鲁卡因青霉素加链霉素封闭；对严重无乳的可实行代养。

【治疗方法】

用 0.25% 普鲁卡因 5mL、青霉素 20 万～40 万国际单位，在患狐炎症位置周围的健康部位进行封闭注射。每日用热毛巾揉乳房，把硬块揉开，挤出乳汁；或者用青霉素 40 万国际单位、安痛定 2mL 注射，每日 2 次，连续 3 天。

九、狐狸急性胃扩张

狐采食过量、采食了腐败变质或酸败的饲料、幽门痉挛、采食后剧烈运动、肠梗阻、便秘、胃扭转等，都能导致狐狸急性胃扩张。发现该病后，应以最快速度抢救，拖延时间即可发生胃破裂或窒息死亡。

【发病特点】

急性胃扩张多是由幽门痉挛或肠梗阻引起的，以胃内容物不能及时排空、产酸发酵，胃迅速膨胀为特征。幽门是消化道最狭窄的部位，正常直径约 1.5cm，因此容易发生梗阻。由于形成幽门通过障碍，胃内容物不能顺利入肠，而在胃内大量潴留，导致胃壁肌层肥厚、胃腔扩大及胃黏膜层的炎症、水肿及糜烂。

【临床症状】

以生长期北极狐发生的较多，与其采食量大有关。发作时间一般是在喂饲后的 1～2h 内，病兽腹部突然膨大、迅速扩张，呼吸高度困难，很快倒在笼网上，四肢伸直，头向后仰，眼球充血、凸出，口腔黏膜和舌发紫，最后死于窒息或胃破裂。病兽前期见不到症状，发病后期出现体温下降，食欲下降，腹部疼痛，并突然死亡。剖检可见腹腔存在大量胃内容物，多数病兽在胃和十二指肠球部出现不同大小的穿孔现象；胃幽门部可以发现大小不同的溃疡灶。

【诊断要点】

采食后突然发生腹围膨大，排便困难而导致的胃膨胀（图4-14）。根据此典型症状，可做出诊断。

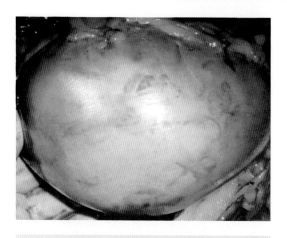

图4-14 腹围膨大、胃膨胀

【防控措施】

防止饲料酸败和腐败；生长期的狐在饲喂时防止其过食，特别在晚间更不要过多饲喂；胃扩张发生时，若发现及时可以抢救，若发现过晚常死于窒息或胃破裂。

【治疗方法】

先用9号针头缓慢放气，然后直接向胃内注入食用豆油和鱼石脂混合液，再加入10%的稀盐酸效果更好。

治疗时穿刺放气务必要缓慢，当胃内气体有大约一半放出时即刻注入药物。如果排气太快，可立即导致脑贫血死亡。对于肠梗阻引起的胃扩张，要以通便为主，解除了阻塞，胃扩张也会自然痊愈。

附　录

附录A　毛皮动物养殖场的生物安全管理

　　生物安全管理是目前最经济、最有效的传染病控制方法，同时也是所有传染病预防的前提。毛皮动物养殖场的生物安全包括环境卫生控制、饮水饲料卫生控制及疾病综合防治措施等。

　　动物场位置选择合理，功能区划分明确。生产区门口必须设有消毒槽，养殖区内保持清洁卫生，车辆物品等定期洗刷或消毒。做好防虫、防鸟、防鼠工作，定期驱虫。定期清理笼舍内垫草、污物及笼下粪便，并进行合理的处置。

　　毛皮动物养殖场采用清洁水源如地下水作为水源，一般均能达到要求。饲料卫生的好坏直接影响到动物健康，毛皮动物的饲料在加工、运输、储存过程中也要合理，防止饲料腐败变质、发霉或被病原菌污染。

　　消除病原，切断传播途径，加强动物检疫工作。新引进的动物一定要注意产地的调查，严禁从疫区引种；对于一些传染病，在产地进行检疫后再进行种兽引进。新进场的动物应隔离饲养2周并确定健康后方可混群饲养。严禁其他动物进入饲养区，禁止饲养区内与家畜、家禽混养，防止交叉传染。养殖场

附 录

各个出入口，需设置消毒池，各饲养区用具最好不串用，尤其发生疫情时，禁止串用和人员走动。死亡动物应进行合理处理。

加强疾病控制工作，定期进行预防接种。加强传染病、寄生虫病、营养代谢疾病和中毒性疾病的预防。做好环境消毒工作是预防和扑灭传染病的重要措施之一，所以在日常饲养管理过程中要经常进行预防性消毒，控制疾病的发生。

常用疫苗、常用药物、常用消毒剂、毛皮动物疾病速查表见表 A-1 ~ 表 A-4。

表 A-1　毛皮动物养殖场常用疫苗

疫苗名称	使用方法	接种剂量	用　途
水貂犬瘟热活疫苗	严格按照免疫日龄进行免疫，水貂严格要求 45 ~ 60 日龄免疫，狐貉 45 ~ 50 日龄分窝分批免疫	水貂每只 1mL（1 头份）；狐狸每只 3mL	预防犬瘟热病
水貂细小病毒性肠炎灭活疫苗	皮下注射，每年免疫 2 次	水貂每只 1mL；狐狸每只 3mL	预防细小病毒性肠炎
水貂出血性肺炎二价灭活疫苗	皮下注射，2 月龄以上的水貂	每只 1.0mL，切忌冻结，使用前应将疫苗恢复至室温	预防水貂出血性肺炎
狐狸脑炎活疫苗	皮下注射，仔狐狸在断乳 21 天后或种狐狸配种前 30 ~ 60 天接种	每只 1mL	预防狐狸脑炎

表 A-2　毛皮动物养殖场常用药物

药物分类	药物名称	用量及用途
抗生素	青霉素	主要用于革兰氏阳性菌感染，对部分革兰氏阴性菌敏感，用量：肌内、皮下或静脉注射，2 万 ~ 4 万单位/kg 体重，2 ~ 3 次/天

图说毛皮动物疾病诊治

（续）

药物分类	药物名称	用量及用途
抗生素	链霉素	对革兰氏阴性菌作用强，肌内注射，10~20mg/kg体重，2次/天
	庆大霉素	广谱抗生素，对绿脓杆菌、大肠杆菌作用强，肌内注射，1万单位/kg体重，1次/天
	卡那霉素	对大肠杆菌、巴氏杆菌、沙门氏菌作用强，肌内注射，5~10mg/kg体重，3次/天
	恩诺沙星	广谱抗菌药物，内服或肌内、静脉注射，2.5~5mg/kg体重，2次/天
	新霉素	主要用于革兰氏阳性菌，内服，肌内注射，5~10mg/kg体重，2次/天
	灰黄霉素	主要用于浅部皮肤真菌感染，内服，20mg/kg体重，每天分2~3次服用，连用30天
磺胺类	磺胺嘧啶	片剂内服，首次量为0.2g/kg体重，维持量为0.1g/kg体重，2次/天
	复方新诺明	用于呼吸系统及泌尿系统感染，首次量为0.2g/kg体重，维持量为0.1g/kg体重
	氨苯磺胺	多外用，制成消炎粉
呋喃类	呋喃唑酮	主要用于肠道感染，内服，5~10mg/kg体重，2~3次/天
	呋喃西林	外用，洗涤感染疮，0.01%~0.02%的溶液用于冲洗子宫、膀胱
利尿药	双氢克尿噻	利尿，用于各种类型水肿，使用剂量按说明书
	氯化铵	利尿，有预防尿结石作用，使用剂量按说明书
	速尿（呋塞米）注射液	利尿，肌内注射，使用剂量按说明书
止血药	活性炭	止血，涂抹
	维生素K_3液	止血，用于各种止血，肌内注射1mL
	安洛血液	止血，用于各种止血，肌内注射1mL
滋补药	5%~10%葡萄糖	滋补营养，补液、解毒、利尿、强心，静脉注射
	维生素C	抗坏血，增强机体抗病力
	维生素B_1	治疗神经炎、心肌炎，食欲不振、消化不良

146

表 A-3　毛皮动物养殖场常用消毒剂

消毒剂名称	用　量	使 用 对 象	使用时应注意事项
烧碱（氢氧化钠）	1%～4%热溶液	毛皮兽场、车船、用具等	可做出入口消毒之用，杜绝细菌、病毒被带入养殖场。但对皮肤有腐蚀作用，毛皮兽场消毒后数小时用清水冲洗，才能进入
石灰石或石灰乳	10%～20%乳剂	毛皮兽场、车船、用具等	散布于圈舍周边或场圈入口处
草木灰	10%～30%热溶液	毛皮兽场、车船、用具等	用2kg草木灰加10kg水煮沸，过滤后备用，用时再加2～4倍热水稀释
漂白粉	0.5%～20%，随消毒对象不同而不同	饮水、污水、毛皮兽场、用具、车船、土壤、排泄物	含氯量应在25%以上，新鲜配制，用其澄清液。对金属用具和衣物有腐蚀作用，毛皮兽场消毒后应彻底通风，以防中毒
新洁尔灭（苯扎溴铵）	0.01%～0.1%	可用于外科术前洗手，皮肤消毒，黏膜消毒，器械、器皿消毒，消毒场地或浸泡刷洗食槽	禁止与肥皂、碘剂、盐类、碱、高锰酸钾等配合，以免失效
甲酚皂（来苏儿）	2%～5%	手术器械、用具、洗手等	用于含大量蛋白质的分泌物或排泄物消毒时，效果不够好
克辽林	2%～5%	厩圈、土壤、用具等	用于含大量蛋白质的分泌物或排泄物消毒时，效果不够好
石炭酸（苯酚）	3%～5%	一般器械和用具等	不适于含大量蛋白质的排泄物的消毒
福尔马林（甲醛溶液）	2%～4%	实验室、空气消毒，也常用于毛皮、金属和橡胶物品消毒	空气和毛皮消毒时，可用福尔马林熏蒸法，每平方米空间用福尔马林25mL加水12.5mL，加过锰酸钾25g，密闭消毒，12～24h后彻底通风

表 A-4　毛皮动物疾病速查表

主要症状系统	主 要 症 状	可能的疾病
有消化道症状的	消化紊乱、下痢	传染病：犬瘟热-急性型、沙门氏菌病 寄生虫病：旋毛虫病
	呕吐、拉稀	普通病：水貂黄曲霉毒素中毒
	腹泻、粪便含白色管状物	传染病：细小病毒性肠炎 普通病：仔兽消化不良
	呕吐、腹泻，粪便呈绿、灰白、黑红等色	传染病：冠状病毒性肠炎、巴氏杆菌病
	腹泻、呕吐、水样血便	传染病：大肠杆菌病、魏氏梭菌病 普通病：水貂胃肠炎
有神经症状的	以狂躁、咬笼、抽搐、尖叫、吐白沫等症状为主	传染病：犬瘟热-最急性型（神经型）、狐传染性脑炎、狂犬病、大肠杆菌病-神经型
	神经机能紊乱	普通病：维生素 B_2 缺乏症
	中枢神经兴奋	寄生虫病：弓形体病
	兴奋、痉挛、昏迷、伸舌、后躯麻痹	传染病：伪狂犬病
	突然抽搐、尖叫、迅速死亡	传染病：水貂气单胞菌病
有呼吸道症状的	呼吸困难、鼻孔流出红色泡沫液体	传染病：水貂出血性肺炎
有皮肤病症状的	趾掌红肿、鼻唇趾掌皮肤水疱、化脓、皮屑脱落	传染病：犬瘟热-慢性型（皮炎型）
	颈肩背后肢出现小脓疱、淋巴结肿胀	传染病：水貂克雷伯氏菌病-脓肿型
	皮炎、脱毛、表皮角化增厚	寄生虫病：螨病 普通病：真菌病

（续）

主要症状系统	主要症状	可能的疾病
有繁殖障碍症状的	母兽不孕、流产、死胎，公兽性欲减退、精子活力下降	传染病：布鲁氏菌病
	母狐流产、胎儿吸收、阴门排出污物血块，公狐血尿、性欲下降	传染病：狐阴道加德纳氏菌病
	子宫内膜炎、尿频、血尿	传染病：狐狸绿脓杆菌感染
	母兽死胎、早产、不孕，公兽无精、精子畸形	传染病：附红细胞体病 普通病：维生素 A 缺乏症
其他症状的	频繁排尿、后躯被毛浸湿	普通病：水貂尿湿症
	可视黏膜黄染	普通病：黄脂肪病
	子宫内膜炎、尿频、血尿	传染病：狐狸绿脓杆菌感染
	消瘦、共济失调、麻痹	普通病：维生素 B_1 缺乏症

附录B 常见计量单位名称与符号对照表

量 的 名 称	单 位 名 称	单 位 符 号
长度	千米	km
	米	m
	厘米	cm
	毫米	mm
面积	公顷	ha
	平方千米（平方公里）	km^2
	平方米	m^2

（续）

量 的 名 称	单 位 名 称	单 位 符 号
体积	立方米	m³
	升	L
	毫升	mL
质量	吨	t
	千克（公斤）	kg
	克	g
	毫克	mg
物质的量	摩尔	mol
时间	小时	h
	分	min
	秒	s
温度	摄氏度	℃
平面角	度	(°)
能量，热量	兆焦	MJ
	千焦	kJ
	焦［耳］	J
功率	瓦［特］	W
	千瓦［特］	kW
电压	伏［特］	V
压力，压强	帕［斯卡］	Pa
电流	安［培］	A

参 考 文 献

［1］夏咸柱. 关口前移，从源头防控人兽共患病［J］. 兽医导刊，2012（9）：12-15.

［2］程世鹏，易立，陈立志，等. 毛皮动物犬瘟热、细小病毒性肠炎和脑炎防治技术指南［J］. 特产研究，2010，32（2）：66-69.

［3］张洪亮，单虎. 宠物源性人兽共患病［J］. 中国比较医学杂志，2010，20（Z1）：150-152.

［4］张旭，刘彦，茅群红，等. 国际毛皮动物养殖业发展模式及启示［J］. 中国林副特产，2010（6）：88-90.

［5］龚争，张训海，王旋，等. 浅析畜牧生产中的动物福利与人兽共患病和公共卫生安全［J］. 中国动物保健，2009，11（8）：34-37.

［6］刘彦，张旭，郑策，等. 中国毛皮动物养殖业取皮屠宰现状调查［J］. 中国畜牧业，2013（4）：32-35.

［7］程悦宁，易立，司方方，等. 我国毛皮动物主要传染病防控现状及防控建议［J］. 经济动物学报，2013，17（1）：49-54.

［8］金宁一，胡仲明，冯书章. 人兽共患病学［M］. 北京：科学出版社，2007.

［9］李忠宽. 特种经济动物养殖大全［M］. 北京：中国农业出版社，2001.

［10］侯志军，张智杰，刘伟，等. 毛皮动物饲养场饲养员感染貉源真菌病一例［J］. 黑龙江畜牧兽医，2010（10）：61.

［11］唐少刚. 中西医结合治疗狐狸真菌与螨虫的混合感染［J］. 畜牧与兽医，2007，39（2）：61-62.

书　目

详情请扫码